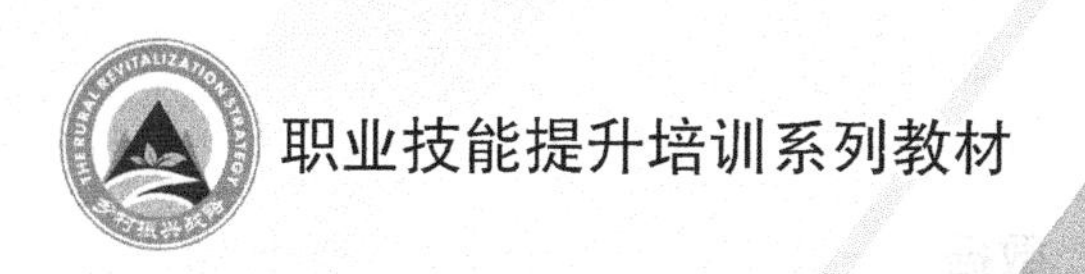

工匠精神与职业素养

◎ 付加术　陈小红　胡向梅　主编

中国农业科学技术出版社

图书在版编目（CIP）数据

工匠精神与职业素养 / 付加术，陈小红，胡向梅主编 .—北京：中国农业科学技术出版社，2020. 10（2023.8 重印）

ISBN 978-7-5116-5027-6

Ⅰ. ①工…　Ⅱ. ①付…②陈…③胡…　Ⅲ. ①职业道德-中等专业学校-教材　Ⅳ. ①B822. 9

中国版本图书馆 CIP 数据核字（2020）第 177493 号

责任编辑　徐　毅
责任校对　贾海霞

出 版 者　中国农业科学技术出版社
　　　　　北京市中关村南大街 12 号　邮编：100081
电　　话　(010)82106631(编辑室)　(010)82109702(发行部)
　　　　　(010)82109709(读者服务部)
传　　真　(010)82106631
网　　址　http://www.castp.cn
经 销 者　各地新华书店
印 刷 者　北京捷迅佳彩印刷有限公司
开　　本　850 mm×1 168 mm　1/32
印　　张　6. 5
字　　数　180 千字
版　　次　2020 年 10 月第 1 版　2023 年 8 月第 2 次印刷
定　　价　28. 00 元

《工匠精神与职业素养》

编　委　会

主　编：付加术　陈小红　胡向梅

副主编：廖雪峰　陈　军　朱　平

刘金红　邓高峰　邵钢清

邱爱知

编　委：刘建荣　李善麟

前　言

为贯彻落实党的十九大精神，加快建设知识型、技能型、创新型劳动者大军，人力资源社会保障部、财政部印发了《关于全面推行企业新型学徒制的意见》。文件指出，学徒培养目标以符合企业岗位需求的中、高级技术工人为主，培养期限为 1~2 年，特殊情况可延长到 3 年。培养内容主要包括专业知识、操作技能、安全生产规范和职业素养，特别是工匠精神的培育。

根据这一要求，紧紧围绕企业新型学徒制培训需求，由全国经验丰富的教师、专家共同编写了本书。全书共 10 章，分别为工匠精神概述、国内外的工匠精神、践行工匠精神、职业素养概述、职业道德、职业意识、职业习惯、职业能力、职业规划、职业形象。本书内容翔实、语言通俗、图文并茂，文中穿插了“经典案例”“拓展阅读”栏目，具有较强的可读性。

本书可作为企业新型学徒制学员职业素质培训教材，也可供对工匠精神和职业素养感兴趣的人员学习参考。

由于时间仓促，水平有限，书中难免存在不足之处，敬请广大读者批评指正。

编　者

2020 年 8 月

目　　录

第一章 工匠精神概述

第一节 古代的工匠

一、工匠的概念

“工匠”原指“手工业者”，即以手工劳作为基本方式的劳动者。《辞海》《现代汉语词典》对工匠的定义是“手艺工人”“有专门技术的工人”，百度百科则将其定义为“有工艺专长的匠人”。在不同的文化背景和产业发展结构环境下，对“工匠”的界定也会产生很大的不同，如在以科技和创新作为产业发展主动力的美国，“工匠的本质”被定义为“收集改装可利用的技术来解决问题或创造解决问题的方法，从而创造财富”，并盛赞其“不仅仅是这个国家的一个部分，更是这个国家生生不息的源泉”。因此，美国的“工匠”是“不拘一格，依靠纯粹的意志和拼搏的劲头，搞出了足以改变世界的发明创新的人”。

目前，工匠泛指有工艺专长的匠人。具体来说，所有专注于某一领域、针对这一领域的产品研发或加工过程全身心投入，精益求精、一丝不苟地完成整个工序的每一个环节，都可称为工匠。

二、我国古代的工匠

人类的出现与劳动有关。人类最初的手工劳作，是制作采集工具和狩猎工具。这些工具大多是对天然物的利用或简单的加工。如掰断一根树枝，就可以成为棍棒；将小块石料向较大的石块或岩石碰击，根据掉落石片的形状，继续加工为“砍砸器”“刮削器”“雕刻器”；对木制品和石器进行简单的组合等。

距今约2万年前，出现了一些简单粗糙的陶器。陶器是人类第一次利用天然物，按照自己的意志创造出来的一种发生质变的东西，是只有少数人经过专门研究和学习才能掌握的技法。因此，人们将陶器的最初制造者称为人类发展史上的第一批工匠。

【经典案例】

最古老的仙人洞遗址陶器

2012年6月28日，北京大学考古文博学院吴小红教授和同事张弛教授等在美国Science杂志上发表关于文章《中国仙人洞遗址2万年陶器》，证实万年仙人洞陶器出现的时间为2万年，这是目前世界已发现陶器的最早年代。

仙人洞遗址坐落于江西省万年县大源乡境内，地处赣东北石灰岩丘陵地区的一个山间盆地。早在20世纪60年代初期考古人员就对遗址有过大规模的发掘，1993年、1995年和1999年由北京大学考古学系、江西省文物考古研究所和美国安德沃考古基金会（AFAR）组成联合考古队先后进行了5次发掘，出土了大量陶器、石器、骨器、蚌器等人工制品和动物骨骼等。

仙人洞遗址下层遗存中的陶器多为粗沙红陶，表现了较强的原始性；上层遗存中的陶器有夹沙红陶、泥质红陶、细沙或泥质的灰陶，有了较大的进步。

仙人洞陶器制造者的出现，源自人类日常生活和社会发展的需要。他们既为后人留下了丰富的物质遗产，也留下了以“探索”和“至善至美”为特征的精神财富。其中，有两点极为可贵的精神对现代工匠产生了深远影响。第一，陶器将底部都做成

圆球形。现代科技证明，这是减小烧制过程中陶器坯体开裂风险的最佳形体。可见，古人类在他们那个时代，就有着对技术工艺的不断探索。正是这种探索精神，使得后来的陶器制造工艺有着非同寻常的进步，可以将陶器作出千姿百态的各种造型以适用各种需要。第二，陶器大多在外表做了一定的纹饰。爱美，也许是人类的天性，哪怕用极其简陋的线条，古人类也要表达这种天性，何况这些线条大多被雕刻成绳状，即使用今天的眼光来审视，也能感受到这些纹饰所蕴含的情感以及对至善至美的追求。

然而，作为人类发展史上第一批工匠，他们的名字却无从查起。迄今为止，能够知道姓名的最早工匠，出现在距今 2 000 多年的秦始皇兵马俑。秦朝对制陶作坊的工人实行“物勒工名，以考其诚”的制度，要求工人在制作的俑身上打印上或镌刻上自己的名字。这本是统治者稽查陶工制作陶俑数量和质量的，但却为后人留下了一大批艺术匠师的名字。

【经典案例】

秦始皇陵兵马俑

秦始皇陵兵马俑位于今陕西省西安市临潼区秦始皇陵以东 1.5 千米处的兵马俑坑内。兵马俑是古代墓葬雕塑的一个类别。古代实行人殉制度，奴隶是奴隶主生前的附属品，奴隶主死后，奴隶要作为殉葬品为奴隶主陪葬。兵马俑即制成兵马（战车、战马、士兵）形状的殉葬品。1974 年 3 月，兵马俑被发现；1987 年，秦始皇陵及兵马俑坑被联合国教科文组织批准列入《世界遗产名录》，并被誉为“世界第八大奇迹”。

秦始皇兵马俑陪葬坑坐西向东，三坑呈品字形排列。最早发现的是一号俑坑，呈长方形，坑里有 8 000 多个兵马俑。现场发掘出的陶俑实物，使人们解开了兵马俑烧造之谜。兵马俑大部分是采用陶冶烧制的方法制成，先用陶模做

出初胎，再覆盖一层细泥进行加工刻画加彩，有的先烧后接，有的先接再烧。火候均匀、色泽单纯、硬度很高。每一道工序中，都有不同的分工，都有一套严格的工作系统。烧造时，俑坯在窑中的摆放也是很有趣的。它与人们的想象完全相反，俑坯不是脚朝下，而是头朝下、脚朝上放着。这种摆法是很科学的，因为人体上部比下部重，头朝下放置比较稳定，且不易塌落。这说明远在 2 000 多年前，我国劳动人民就掌握了科学重心原理。

尽管考古学家在出土的兵马俑中找到了一些工匠的名字。但是，我们永远也无法知道他们的具体事迹。他们留给后人的痕迹，就是自己亲手精工细作的器物。这里面倾注了他们的心血与灵魂，代替他们在这个世界上继续展现工匠的骄傲。

陶器出现后，相继出现了瓷器、木器、铁器、铜器以及金银器等。这些器皿在时代传承的过程中，工艺和技术都得到了持续性的补充、完善、进化和提升，而且越来越先进、越来越完美。这些完美作品的背后，沥尽了大量优秀工匠人的心血。

三、国外古代的工匠

在我国古代工匠展现高超技艺的同时，外国工匠不会让中国工匠们专美于前。古代埃及的建筑以规模宏大著称。建筑形式有多种多样，包括金字塔、神庙、宫殿、陵墓、城堡，等等，建筑材料多用石材，因之保存至今的宏大建筑物为数不少。其中，举世闻名的金字塔，就是古埃及人留下来的典型石造建筑，虽经历了数千个春秋，但至今仍巍然耸立在尼罗河畔，充分显示了古埃及人的高度智慧和精湛的建筑技术。

【经典案例】

埃及金字塔到底是谁造的

埃及文物管理部门之前展示了一些金字塔建造者的墓穴，这些发现向世人展示了建造者如何生活以及他们的饮食情况。埃及文物部门表示，从这些古墓的分布情况分析，埃及金字塔的建造者并不是奴隶，更不是你看不到摸不着的外星人，而是受雇的专业工匠。

据报道，新发现的墓穴大约深 9 英尺（约 2.74 米），里面葬有一些建筑者的骨骸，因为沙漠干燥保存完好。还有一些陶瓷器具，据分析是用来装啤酒和面包的，是为他们的来生而准备的。

埃及最高文物委员会主席扎希·哈瓦斯在一份声明中说，这些墓穴建于古埃及第四王朝时期，即公元前 2575 年至公元前 2467 年。与先前在这一地区发现的金字塔建造者墓穴相似，这些古墓的分布情况证明，金字塔由受雇工人而非奴隶建造。

“这些墓穴建在国王的金字塔旁，说明（墓中所葬）这些人绝不是奴隶，”哈瓦斯说，“他们如果是奴隶，无法在国王墓旁修建自己的墓穴”。

这些墓穴分布在大金字塔的背阴面，考古学家说，新出土的墓穴属于“因公殉职”的工人，这是他们的地位得到尊重的表现，被葬在国王墓的影子下象征着一种荣誉。

考古学家首次发现金字塔建造者的墓穴，是在1990年，然而这次的最新发现表明，他们是能拿工资的专业工匠。

考古学家推测，这一地区的金字塔由大约1万名工人轮流建造完成，每3个月换1次班，这样大约花了30年才建成。为满足工人们的饮食需求，当地农场每天需提供21头牛、23只羊，有些时候，从埃及北部和南部的山区调送。

金字塔建造者墓穴发现的同时，还有助于科学家们研究当时埃及社会的阶层分布情况。与国王金字塔以石灰石覆盖表面不同，这些工人的墓穴通常由泥砖建造，呈锥形，表面覆盖白色灰泥。

位于埃及首都开罗的美国大学埃及学教授萨莉玛·伊克拉姆介绍，这些工人墓穴展现出由下层民众组成的古埃及社会“另外一面”。

这些墓穴并没有发现金子或者其他价值昂贵的东西，这样也能保护它们在发掘前一直没被盗墓者入侵。遗骸都以婴儿胎位的形式安葬，头朝西方，脚朝东方，源于古埃及的一种信仰。

“大金字塔”是世界七大奇迹之一。埃及当局长期以来极力争取消除金字塔是由奴隶修建这一迷思。他们说，这样的说法等于蔑视当年的建筑技巧和古埃及文明的精深。

第二节　工匠精神的内涵和品质

一、工匠精神的内涵

对于“工匠精神”的界定，也存在各种表述，如人力资源和社会保障部职业能力建设司副司长张斌提出：“所谓工匠精神，不仅具有高超的技艺和精湛的技能，还要有严谨、细致、专注、负责的工作态度以及对职业的认同感、责任感、荣誉感和使命感。”互动百科将“工匠精神”定义为“工匠对自己的产品精雕细琢、精益求精的精神理念。工匠喜欢不断雕琢自己的产品，不断改善自己的工艺，享受着产品在双手中升华的过程。工匠们对细节有很高要求，追求完美和极致，对精品有着执着的坚持和追求，把品质从99%提高到99.99%，其利虽微，却长久造福于世。工匠热爱自己所做的事，胜过爱这些事带来的钱。”而美国的亚力克·福奇则称“真正的工匠精神是一种思维状态，而不是指向未来的一些兴趣或技能的集合”，将创新、协作等作为工匠精神中更为重要的因素。但综而观之，工匠精神的内涵当包括以下几个方面。

第一，工匠精神指向的是一种高尚的价值观、工作观。这种工作观意味着一旦选定了一份职业，必须发自内心地投入、热爱，摒弃功利心、浮躁心和投机心，将工作视为一种信仰，用修行的状态专注其中，持续、专注地工作，做到极致，并在这种极致中获得创造与升华。这种工作观是一种纯粹的工作观，把工作作为取得物质利益的功能属性被弱化，更多体现为生命价值的追求与呈现。在这种观念的主导下，人的价值高于物的价值，用户价值高于生产价值，社会价值高于利润价值，共同价值高于个人价值。在这个创造价值的过程中，工匠与工作间建立起一种深厚的情感体验，工匠的工作和生命变得更有意义和价值，在满足物质需求的同时，凝聚精神的力量，进而形成对事业的信仰。

第二，工匠精神的基础是一流的人品和良好的心理素质。如创造了德胜洋楼奇迹的聂圣哲，其倡导的核心价值观是“诚实、勤劳、有爱心、不走捷径”，认为勤劳、敬业的工作态度远比工作知识和能力更为重要。德胜新员工培训的核心目的为养成认真的工作态度，其内容主要为清洁、帮厨、绿化等与技术技能无关的工作；视诚信为生命，上下班不打卡，财务报销无审批，对工程质量的诚信更是坚决、严格到不近人情的地步。日本秋山木工的创办人秋山利辉，其培养“通人”“达人”的一套方法，被赞为“透过磨砺心性，使人生变得丰富多彩的日式工作法”，秋山利辉强调“一流的匠人，人品比技术更重要”。8 年的严苛学习，不仅磨砺学生们的技术，更注重锤炼学生们的人品，在考核中，技术占40%，人品方面的内容占到60%。在这套时长达8 年的人才培养体系里，著名的“匠人须知 30 条”，均是如何做人、处世、修身、养性的基本功，如学会打招呼、打电话、打报告、打扫卫生、打动人心，平和、耐心、执着、守时，有效沟通、积极思考、懂得感恩、注重仪容、乐于助人，能够熟练使用工具、随时准备好工具、好好回应他人、好好发表意见等。

第三，工匠精神的核心理念是对品质的无限追求。具备真正的工匠精神的劳动者，均有着极高标准的质量观，把品质视为生

命，对质量的精益求精、对制造的一丝不苟、对完美的孜孜追求永无止境。德胜洋楼以“质量是道德，质量是修养，质量是对客户的尊重”作为质量方针，对施工质量和服务质量提出了极为精细、严格且恒定的要求，即使是甲方验收人员认为不影响质量、同意通过的细节瑕疵问题，也是绝不能容忍的存在。秋山木工致力为客户提供可使用100年、200年的家具，其对品质的要求，已超越客户满意的层次，进而关注客户心灵深层需要，客户所获得的，常在所能表达的需求之上，常有被感动的意外之喜。

第四，工匠精神的内涵在不同的历史时期和不同的产业结构中有着不同的侧重体现。如像德国、日本这样以制造业尤其是高端制造业为主要产业的国家，其工匠精神的内涵侧重于工艺上的精耕细作、品质和性能上的精益求精以及在这种追求中体现出来的“执着”“不放弃”、淬炼心性等全心投入、坚持不懈、持之以恒地对技术工艺的狂热追求。而像美国这样以高科技、金融为主体的国家，其工匠精神的内涵更多侧重于创新、创意层面，亚力克·福奇的《工匠精神：缔造伟大传奇的重要力量》就将工匠精神的首要内涵阐述为“通过在已有事物上创造一些新的东西可以让事情变得更好”，并指出，随着时间的推移，在当前的高级创新时期，工匠精神意味着一大群相互欣赏、相互重视、技能互补者的共同努力，协作成为工匠精神中至关重要的元素。

【拓展阅读】

关于工匠精神的不同理解

关于工匠精神，不同的人有不同的理解。下面是4位不同行业的人，或是经验丰富的工会工作者，或是专门研究经济学的专家学者，或是身怀绝技的大国工匠。他们从自身的认知和实践角度，对工匠精神进行着探讨。

全国总工会宣教部部长王晓峰认为，工匠精神的内涵有3个关键词：一是敬业，就是对所从事的职业有一种敬畏之心，视职业为自己的生命；二是精业，就是精通自己所从事的职业，技艺精湛，我们熟知的大国工匠，个个都是身怀绝技的人，在行业细分领域做到国内第一乃至世界第一；三是奉献，就是对所从事的职业有一种担当精神、牺牲精神，耐得住寂寞，守得住清贫，不急功近利、不贪图名利。敬业反映的是职业精神，是前提；精业反映的是职业水准，是核心；奉献反映的是个人品德，是保障。可以说，新时期的“工匠精神”，是劳模精神、劳动精神的重要体现。“工匠精神”，不仅限于企业生产，而是包括政府机关在内的各行各业，都有一个敬业、精业、奉献的问题。

中国航天科技集团公司直属工会李梅宇认为，工匠精神是一种精神，也是一种品质，一种追求和一种氛围。具体含义与几位的总结异曲同工，应该包括以下几种精神：爱岗敬业、无私奉献的孺子牛精神，大国工匠无一例外是干一行爱一行的爱岗乐岗者。善于学习，勤于攻关的金刚钻精神，大国工匠都是爱学习、善学习的，是持续改善、勇于创新的推动者。专心专注、精益求精的鲁班精神，是努力把品质从99%提升到99.99%的精神。百折不挠、坚忍不拔的苦行僧精神，大国工匠都是不怕苦不怕难、甘于寂寞、锲而不舍，永远在路上的修行者。传承技术、传播技能的园丁精神，大国工匠都是率先示范、用劳模精神和精湛技能感召人、教育人的典范。打造品牌、追求卓越的弄潮精神，大国工匠守规矩，重规则，也重细节，不投机取巧，都是追求卓越的完美主义者。

北京大学经济学院党委书记、教授董志勇认为，工匠精神可以概括为4个方面：精益求精、持之以恒、爱岗敬业、守正创新。精益求精是工匠精神最为称赞之处，具备工匠精神的人，对工艺品质有着不懈追求，以严谨的态度，规范地完成好每一道工艺，小到一支钢笔、大到一架飞机，每一个

零件、每一道工序、每一次组装。持之以恒是工匠精神最为动人之处。具备工匠精神的人是向内收敛的，他们隔绝外界纷扰，凭借执着与专注从平凡中脱颖而出。他们甘于为一项技艺的传承和发展奉献毕生才智和精力。爱岗敬业是工匠精神的力量源泉。“爱岗敬业”是中华民族的传统美德，是一份崇高的精神，“问渠那得清如许，为有源头活水来”正是爱岗敬业精神激励着一代代工匠匠心筑梦。守正创新彰显了工匠精神的时代气息。大国工匠们凭借丰富的实践经验和不懈的思考进步，带头实现了一项项工艺革新、牵头完成了一系列重大技术攻坚项目。他们在各自工作岗位上的守正创新正是当今我国时代精神的最好表现。

中国航天科技集团公司一院211厂特级技师高凤林认为，工匠精神可以从3个层次来理解，即思想层面：爱岗敬业、无私奉献；行为层面：开拓创新、持续专注；目标层面：精益求精、追求极致。不能机械地理解为是手工劳动者应该具备的精神，它其实是以产品为牵引，涵养一种专注精神，让人用心用脑、精益求精，追求卓越的效果或者目标。提倡工匠精神，不仅可以帮我们养成严谨、重视技能、形成专注的习惯，以此生产出更好的产品；还能作用于人本身，让个人在高度工业化和商业化的社会中找到自我认同。

尽管人们对于工匠精神的理解没有统一的说法，但工匠精神的目标都是一致的，都是打造本行业最优质的、其他同行无法匹敌的卓越产品。因此，工匠精神可以概括为追求卓越的创造精神、精益求精的品质精神、用户至上的服务精神。

二、工匠精神的品质

工匠精神不只是追求技艺的完美，更多的是从业者严谨、专注、敬业、创新、精益求精的品质。失去了这些品质，工匠精神也将变为空谈。

第一，严谨。严谨是一丝不苟。做事情不投机取巧，必须确保每个部件的质量，对产品采取严格的检测标准，不达标的产品绝不能过自己这一关。

第二，专注。这是现代人最缺乏的品质之一。荀子说："无冥冥之志者，无昭昭之明；无惛惛之事者，无赫赫之功。"这句话的大意是：人要能静下心来保持精神专注，这样才能做到头脑清晰、思虑明澈，从而正确地为人处世，进而建立功勋。凡是出类拔萃的工匠，人生关键词里都有一个"专"字。当别人被蝇头小利或浮光掠影吸引时，工匠眼中和心里只有自己的目标。因专注而专精，因专精而专业，因专业而卓越。

【经典案例】

庖丁解牛

《庄子》中记载了一个"庖丁解牛"的故事。

有一个名叫庖丁的厨师替梁惠王宰牛，他的手所接触的地方，肩所靠着的地方，脚所踩着的地方，膝所顶着的地方，都发出皮骨相离声，刀子刺进去时响声更大，这些声音没有不合乎音律的。它竟然同《桑林》《经首》两首乐曲伴奏的舞蹈节奏合拍。

梁惠王说："嘻！好啊！你的技术怎么会高明到这种程度呢？"

庖丁放下刀子回答说："臣下所探究的是事物的规律，这已经超过了对于宰牛技术的追求。当初我刚开始宰牛的时候（对于牛体的结构还不了解），无非看见的只是整头的牛。3年之后（见到的是牛的内部肌理筋骨），再也看不见整头的牛了。现在宰牛的时候，臣下只是用精神去接触牛的身体就可以了，而不必用眼睛去看，就像视觉停止活动了而

全凭精神意愿在活动。顺着牛体的肌理结构，劈开筋骨间大的空隙，沿着骨节间的空穴使刀，都是依顺着牛体本来的结构。宰牛的刀从来没有碰过经络相连的地方、紧附在骨头上的肌肉和肌肉聚结的地方，更何况股部的大骨呢？技术高明的厨工每年换一把刀，是因为他们用刀子去割肉。技术一般的厨工每月换一把刀，是因为他们用刀子去砍骨头。现在臣下的这把刀已用了19年了，宰牛数千头，而刀口却像刚从磨刀石上磨出来的一样。牛身上的骨节是有空隙的，可是刀刃却并不厚，用这样薄的刀刃刺入有空隙的骨节，那么在运转刀刃时一定宽绰而有余地了，因此用了19年而刀刃仍像刚从磨刀石上磨出来一样。虽然如此，可是每当碰上筋骨交错的地方，我一见那里难以下刀，就十分警觉而小心翼翼，目光集中，动作放慢。刀子轻轻地动一下，哗啦一声骨肉就已经分离，像一堆泥土散落在地上了。我提起刀站着，为这一成功而得意地四下环顾，一副悠然自得、心满意足的样子。拭好了刀把它收藏起来。"

这个故事告诉人们这样一个道理：做任何事要做到心到、神到，就能达到登峰造极、出神入化的境界。

第三，敬业。

工匠把工作看做是一种修行，甚至将其看做"人生"本身。热爱自己的工作，通过辛勤劳动把所从事的事业发扬光大。无论自己的收入是否最多，地位是否最高，都会为自己的劳动成果感到自豪。敬业精神存在的最大意义，就是保持对工作与生活的热情，从而焕发出更多的活力。

第四，创新。

创新是勇于改变和善于改变。工匠精神并不是墨守成规、一成不变的，而是要"百尺竿头更进一步"。无论工匠在执行一道道工序时多么刻板，他们的脑子里都经常会蹦出一些新创意。历代工匠都是技术革新的先行者。工匠作业并不只是机械地重复一连串枯燥的工序，而是一种具有创造性的活动。没有原创精神的工匠，注定成不了大气候。工匠会以不同常人的眼光来观察生活，发现大家没意识到的东西，这往往就是他们的创新点。一切都是为了“求道”，发现生活中的新问题，研究出解决新问题的新方法，进而找到开启新世界的大门。

第五，精益求精。

精益求精是注重细节，追求完美和极致，不惜花费时间和精力，孜孜不倦，反复改进产品，把品质从99%提高到99.99%。优秀的工匠是不允许自己出败笔的。因为工匠的作品不光是用来换取金钱的商品，更是倾注了自己心血的艺术品。艺术品岂能容忍败笔呢？对技术精益求精，对作品精雕细琢，不是为了用诚意之作换取“业界良心”的用户口碑，而是为了不愧对自己的“工匠灵魂”。

细节决定一件事情的成败。在竞争日益激烈的当今，人们应当将树立起责任感，想要做好手中的事情就要从注重细节开始。当重视小事成为一种习惯，当责任感成了一个人的生活态度，我们就会与“胜利”“优秀”“成功”同行。

第三节　工匠精神的当代价值及培育

一、工匠精神的当代价值

1. 工匠精神是提高职工就业创业能力、实现全面发展的重要动力

市场经济的竞争最终表现为人的素质的竞争。随着改革的全面深化，职工队伍规模不断壮大，结构变化明显，利益诉求多样，思维方式、价值观念、综合素质等出现了新变化、新情况。

用工匠精神引导广大职工立足本职岗位劳动创造，切实提升技术技能素质，不断发展工人阶级先进性，显得尤为紧迫。

2. 工匠精神是推进供给侧结构性改革、实现从制造大国向制造强国转变的重要推手

当前我国制造业大而不强，科技含量不高，从事制造业人员达2亿多，技能劳动者占就业人员的20%，高技能人才数量仅占5%。没有一流的技工，就没有一流的产品。推进供给侧结构性改革，要求培育和弘扬工匠精神，在推动经济发展新常态下，企业从外延再生产向内涵再生产的转变，从旧动能到新动能的转换，通过科技创新与提高人力资本质量来推进结构调整和转型升级、提高企业核心竞争力。

3. 工匠精神是贯彻发展新理念、树立崇尚劳动新风尚的内在要求

树立和践行创新、协调、绿色、开放、共享的发展理念，是“十三五”乃至更长时期的发展思路、方式和着力点。把发展理念落到实处，把美好蓝图变为现实，需要充分发挥广大劳动群众的主体作用，依靠各行各业人们的辛勤劳动，加快建设人才强国和人力资源强国，提高劳动力素质。培育和弘扬工匠精神，将进一步激发广大劳动者的劳动热情，通过诚实劳动来实现人生的梦想、展示自己的人生价值。

二、工匠精神的培育途径

工匠精神有着丰富的内涵和多层的要求，要根据职业技能、职业素养、职业理念不同层次的要求，有针对性地培育。

1. 强化职业培训，夯实产生工匠精神的人力基础

当前，我国职业教育发展投入不足，职业培训体系不完善，培训资源没有有效整合，培训有效性不强，与市场需求脱节，企业存在片面追求眼前效益的短期行为，参与职业培训积极性不

高，制约着工匠精神的产生。要进一步加大职业培训力度，集中职工教育和技能培训资源，实施企业职工技能提升计划，形成以企业为主体、职业院校为基础、政府推动与社会力量相结合的劳动者终身职业培训体系。开展现代学徒制试点和“导师带徒”等活动，发挥好传、帮、带作用。进一步深化金蓝领工程，开展职业技能竞赛，激发职工学习业务、钻研技术，在创业创新的时代洪流中发挥领军作用。

2. 强化价值激励，营造尊崇工匠精神的社会文化

当前社会上存在着急功近利、急于成名、一夜暴富的浮躁情绪和暴发户心态，影响了工匠精神的产生、培育和弘扬。要强化思想引领，发展先进企业文化和职工文化，大力评选表彰杰出技能人才，弘扬劳动价值，使技能人才享有应有的社会认同和尊重，使工匠精神成为引领社会风尚的风向标。要鼓励技能人才把职业作为事业，把谋生与实现自身价值融为一体，将追求技能的完善、产品品质提升作为自己的职业理想，内化于心、外化于行。要加强学校教育，从小培养爱岗敬业、精益求精精神，树立正确的就业观和劳动观。要从大国工匠的推荐、评审、认定、激励等各个环节宣传工匠精神，在全社会营造尊重劳动、崇尚技能、鼓励创造的良好氛围，让工匠精神成为每个职工的主流意识和精神坐标，让劳动最光荣、劳动最崇高、劳动最伟大、劳动最美丽的价值追求蔚然成风。

3. 健全政策措施，形成培育工匠精神的保障机制

当前，影响工匠精神产生的体制机制因素还不同程度地存在着。技能人才的评价使用和待遇政策不完善、保障机制不健全，技能人才职业发展通道不畅，对工匠精神形成制约和阻碍。要在健全相关制度、落实激励措施上进行顶层设计，完善技术工人培养、评价、使用、考核机制。加快职业资格证书制度改革，将以学历为主体的单一评价模式改变为以职业能力为导向、以工作业

绩为重点的综合评价标准体系，实行职业资格证书和学历证书、职称证书的互通互认，畅通技能人才职业发展通道，形成良好的发展愿景。推动企业将技能人才作为人力资本和战略资源，把培育工匠精神作为发展目标，推动技术技能等生产要素按贡献参与分配，使技能人才劳动付出与其劳动成果等挂钩，保障他们获得相应的物质回报，享受自己的劳动成果。

第二章　国内外的工匠精神

第一节　国外的工匠精神

谈到“追求卓越、崇尚质量”，瑞士手表、英国西装、荷兰王室供应商、日本永不松动螺母都堪称典范，人们可从中一窥“工匠精神”的精髓。

一、瑞士钟表：匠心独具的精工细作

说起手表，人们总会想起瑞士手表，百达裴丽、劳力士、江诗丹顿这些顶级豪表，都产自瑞士。一块手表价值千万，却有让人不得不服的理由：小小机械表壳里，能有 744 个零件，最小的细如毫发。一个顶级表匠全身心投入，一年只能制造出一块。这样的一丝不苟，让瑞士手表成功地从日用品变身奢侈品，百年不衰。

瑞士盛产了如此之多的高级钟表品牌，当然是有自然原因的，瑞士和法国交界的汝拉山谷一到冬天就大雪封山，这种恶劣的气候为没有事做的当地农民提供了一个“与世隔绝”的安静环境，他们可以潜下心来研究刚刚萌发不久的钟表技术，不管是被动还是主动，这种经年不变的习惯最终成就了一种精神，他们对每一个零件、每一道工序、每一块手表都精心打磨、专心雕琢、用心打造的态度，就是我们常说的工匠精神。凭着这种精神，他们攻克了一个又一个钟表技术的难关，成就了一个又一个

钟表界的传奇。如发源于汝拉山谷的顶级钟表品牌积家，创建于1833年，距今已经有近200年历史，它的经典产品Reverso系列腕表是应马球运动的要求而发明，从1931年问世到现在也已经有80多年的历史。几百年的制表历史告诉我们，这些制表匠不是一种简单机械的重复工作者，他们代表着对事业的执着，对未知的探索，对手艺的坚持，也可以说这是一个行业的气质：坚定、踏实、精益求精。

喜欢把玩腕表的人都会说手表的魅力在细节，细节见真章，细节定高下。坊间有句话是这样说的“劳力士以上是艺术品，劳力士以下是实用品”，话虽不免偏颇，却也有可取之处，今天在手表收藏领域，保值增值的价值比较高的品牌也多是劳力士和比劳力士更高档次的品牌。这些表的最大特点是集人文艺术，制表工艺和少量限量于一身，从机芯到表壳，包括复杂功能，珠宝镶嵌，珐琅漆艺，抛光打磨等每一个细节都是手工完成，很多都是行业大师级制表师和工艺家的心血之作，他们把自己的一生甚至祖祖辈辈都贡献于精益求精的制表工艺，可以说这也是一个凝聚了深厚感情的过程。细节一定源自专业、专心和专注，透过动人的细节可以看到工匠的细腻用心。一位在一家知名品牌工作了20多年的制表师曾经动情地说“我热爱我的工作，再做30年我也愿意!”其实，他把自己人生的全部几乎都献给了制表流程的一道工艺而已，也能如此深情和不舍，说起来就让人感动，而整个制表流程至少需要成百上千道工序的紧密衔接和精密配合才能完成，可以说，有多少个工序就有多少个动人的故事。而制表师这种代代相传的执着是缔造一个个腕表奇迹的保证，也是腕表品牌的核心竞争力。

俗话说“真金不怕火炼”，而经过时间检验的工匠精神所代表的价值远高于黄金。就算是一块高级品牌的钢表价值都比黄金高，因为这种名贵钢表的价值与贵金属名表的价值差异，只在于贵金属的价值差异和金属处理工艺的差异，也就是说很多钢质名表也是一件凝聚匠人心血和情感的艺术品，相比只有自然属性的黄金，它们也有着不可替代的人文底蕴和工艺价值，例如，市面上随便一块劳力士钢表的价格恐怕都不逊于同重量的黄金，而且随着手表的停产或限量发行，它们的价值几乎只会“与日俱增”。制作某著名品牌腕表的一位工匠师傅曾经说过：“一切手工技艺，皆由口传心授。”也就是在传授手艺的同时，也传递了耐心、专注、坚持的精神，这也是一切手工匠人所必须具备的特质。这种特质的培养，只能依赖于人与人的情感交流和行为感染，这是现代大工业的组织制度与操作流程无法承载的。

很多传奇钟表品牌的创始人都是制表师，如百达翡丽的创始人安东尼·百达和简·翡丽都是著名的制表大师，宝玑创始人亚伯拉罕·路易·宝玑，还是陀飞轮技术的发明者。但是工匠不一定都要成为企业家，对于缔造不可多得的精品和打造经久不衰的品牌，成千上万代代相传的制表师严谨工作和紧密配合是功不可没的，虽然很多人并没有留下名字，在这里要向所有专业执着，兢兢业业，精益求精的制表师致敬。专心、专注的工匠精神和开

拓进取的企业精神没有矛盾，而是相辅相成，缺一不可的。因为，对于大多数成功的企业家而言，追求卓越的工匠精神同样是不可或缺的，让工匠精神在企业家和员工之间成为一种企业文化和个人追求的共同价值观，并由此培育出企业源源不断的内生动力，是企业在激烈市场竞争中的不二选择和制胜法宝。以工匠的态度打造产品和服务，再加上高瞻远瞩、不畏挫折、开拓进取的企业家精神，成就一个高品质的品牌或企业也就指日可待。

通过钟表业的奇迹，我们认识了真正的奢侈品基本都是手工艺品，而令人如痴如醉，世间不可多得的手工艺品都倾注了工匠心血，凝聚了工匠精神。

二、英国萨维尔街西装：世界男装的工艺典范

在伦敦市中心有一条长300多米的大街——萨维尔街，身着这条街出品定制的西装已成为世界各国名流的身份象征。拿破仑三世、英国前首相丘吉尔、英国查尔斯王储……都曾身着过这条街出品定制的西装。数百年来，萨维尔街追求极致、精益求精、力求完美的工匠精神，被誉为世界男装的工艺典范。

据萨维尔街一家百年老店的女合伙人介绍，这里的裁缝追求极致，不惜花费时间和精力，也要把西装品质从99%提高到99.99%。该店铺只做全定制西装，不做成衣和半定制西装。全定制，是指从量身、选布料到制版、试身和完工的一条龙服务，这也是萨维尔街的精髓所在。

完成一套全定制西装需至少50个小时，经7个人之手，客人往往需要等待2~3个月。为了量体裁衣，裁缝们需要测量50多处地方，记录顾客的身高、肌肉形状、体型等细节。全定制西装最基本的标准是不能在衣服外部看到车线，扣眼周围的线均为手工缝制。

据介绍，不久前，一位80多岁的老顾客拿了件1950年做的

西装回店里修补。然而，这不算最久的，该店还曾修补过一件1932年做的西装。不管年代多久远，店铺一直保存着当年为顾客定制西装时记录的信息。

三、荷兰“王室供应商”：象征品质的无形资产

在荷兰海牙市中心购物街，有些肉食品店、糕点屋、花店、眼镜店、手表店等挂着显眼的蓝白红三色狮子图案标志，中间是荷兰王室徽章，上下方分别写有“王室认证”和“王室供应商”的字样。44岁的肉食品店老板马萨罗告诉记者，顾客看到这个徽章，就可以确认这是一家值得信赖的百年老店。

据荷兰“王室供应商”认证机构介绍，“王室供应商”称号始于1815年，是荷兰王室历史最悠久的，迄今仍在授予的荣誉之一。如今，历史超过百年，声誉无瑕疵，产品和服务对所在地区有意义、业主在法律和经济领域无不良记录的中小企业，才有资格在店庆200周年、175周年、150周年、125周年或100周年

时申请成为“王室供应商”。

申请经由所在城市的市长转交王室代表，王室代表将协同税务、工商、司法、劳工、警务等部门深入调查企业历史和行为，审核通过后由国王作出授予称号的决定。王室代表和当地市政府举行仪式，将称号正式授予企业，王室网站也将企业正式列入“王室供应商”名册。申请过程中，企业不用支付任何费用，只需提供资料、接受调查。但这一称号的有效期只有25年。

在马萨罗眼中，“王室供应商”的称号是无形资产，是对长期追求品质的企业精神的褒奖。他的肉食品店始建于1861年，1895年第一次获颁“王室供应商”称号，后来两次延长，但是20世纪60年代以后，店铺经营不善，丢掉了这个称号。

马萨罗于1997年接手店铺，2011年150周年店庆时重新申请，终于通过认证，荣耀徽章又一次被高高挂起。

四、日本“永不松动的小螺母”：质量典范

说到日本企业，就不得不提一家只有45个人的小公司。全世界很多科技非常发达的国家都要向这家小公司订购小小的螺母。

这家日本公司称作哈德洛克（Hard Lock）工业株式会社，他们生产的螺母号称“永不松动”。按常理大家都知道，螺母松动是很平常的事，可对于一些重要项目，螺母是否松动几乎人命关天。例如，像高速行驶的列车，长期与铁轨摩擦，造成的震动非常大，一般的螺母经受不住，很容易松动脱落，满载乘客的列车就会有解体的危险。

日本哈德洛克工业创始人若林克彦，当年还是公司小职员时，在大阪举行的国际工业产品展会上，看到一种防回旋的螺母，作为样品他带了一些回去研究，发现这种螺母是用不锈钢钢丝做卡子来防止松动的，结构复杂价格又高，而且还不能保证绝不会松动。

到底该怎样才能作出永远不会松动的螺母呢？这个问题成了若林克彦的心病。一次不行两次，两次不行三次，经过反复试

验，他终于找到了在螺母中增加榫头的办法，他终于做出了永不会松动的螺母。

哈德洛克螺母永不松动，结构却比市面上其他同类螺母复杂得多，成本也高，销售价格更是比其他螺母高了30%，自然，他的螺母不被客户认可。可若林克彦认死理，绝不放弃。在公司没有销售额的时候，他兼职去做其他工作来维持公司的运转。

在若林克彦苦苦坚持的时候，日本也有许多铁路公司在苦苦寻觅这种不会松动的螺母。若林克彦的哈德洛克螺母获得了一家铁路公司的认可并与之展开合作，随后更多的包括日本最大的铁路公司JR最终也采用了哈德洛克螺母，并且全面用于日本新干线。走到这一步，若林克彦花了20年。

如今，哈德洛克螺母不仅在日本，甚至已经在世界上得到广泛应用，迄今为止，哈德洛克螺母已被澳大利亚、英国、波兰、中国、韩国的铁路所采用。

哈德洛克的网页上有非常自负的一笔注脚：本公司常年积累独特的技术和诀窍，对不同的尺寸和材质有不同的对应偏芯量，这是哈德洛克螺母无法被模仿的关键所在。也就是明确告诉模仿者，小小的螺母很不起眼，而且物理结构很容易解剖，但即使把图纸给你，它的加工技术和各种参数配合也并不是一般工人能实现的，只有真正专家级的工匠才能做到。

第二节　中国的工匠精神

中国本来不缺工匠精神，而且是世界工匠精神的发源地之一。中国古代指南针、火药、造纸术、印刷术四大发明，美妙绝伦的珠宝、玉器、陶瓷、木雕、丝绸、青铜器等生活用品，震惊世界的故宫、天坛、长城、都江堰等伟大工程，都是最好的明证。木匠的“祖师爷”鲁班、用生命撰写《史记》的司马迁、机械发明家马钧、不断精确计算圆周率的祖冲之、设计建造赵州桥的李春、纺织能手黄道婆等能工巧匠以及更多优秀人才、技术从业者，不胜枚举，都是中国历史上工匠精神的杰出代表。

一、中国四大发明

我国有享誉世界的四大发明，指南针、火药、造纸术、印刷术是我国古代工匠智慧的结晶，四大发明不仅对中国古代的政治、经济、文化的发展产生了巨大的推动作用，还对世界造成了深远的影响。四大发明在欧洲近代文明产生之前陆续传入西方，这对西方科技发展产生一定影响。

1. 指南针

指南针的发明，是我国汉族劳动人民在长期的实践中对物体磁性认识的结果。由于生产劳动，人们接触了磁铁矿，开始了对磁性质的了解。人们首先发现了磁石吸引铁的性质，后来又发现了磁石的指向性。经过多方面的试验和研究，终于发明了实用的指南针。最早的指南针是用天然磁体做成的，这说明中国汉族劳动人民很早就发现了天然磁铁及其吸铁性。据古书记载，远在春秋战国时期，生产力有了很大的发展，特别是农业生产更是兴盛发达，因而促使了采矿业、冶炼业的发展。在长期的生产实践中，人们从铁矿石中认识了磁石。汉族劳动人民进一步利用磁体的指极性，制成指示方向的机械，这就是指南针。

最早的指南针称作司南，利用的是地球磁场的作用。地盘是青铜做成的，内圆外方，中心圆面磨得非常光滑，以保证勺体指示方向的准确性。中心圆外围依次布列八卦、天干、地支和二十八星宿，共计 24 个方位。地盘中心的小勺是用整块的天然磁铁磨成的，磁铁的正极磨成司南的长柄，勺头底部是半球面，非常光滑。使用时先把地盘放平，再把司南放在地盘中间，用手拨动勺柄，使它转动，等到司南停下来，勺柄所指方向就是南方。

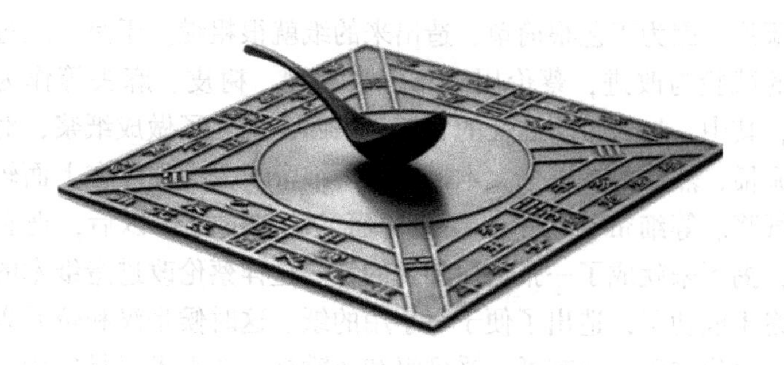

指南针的发明，使得生产力有了很大的发展，特别是农业生产更是兴盛发达，因而促使了采矿业、冶炼业的发展。在长期的生产实践中，人们利用指南针航海，打开了世界市场，欧洲人却建立大量的殖民地。

2. 火药

火药是中国古代四大发明之一，也是中国人民对世界文明的一个伟大贡献。火药起源于中国古代的炼丹术。中国古代帝王渴望长生不老，四处寻求长生不老之术，在他们的推动下，炼制所谓长生不老之药的方术——炼丹术日渐发展起来。火药 3 种主要成分中的硝石、硫黄以及硫黄中的钾化物，是炼丹术中常用的药物。炼丹家在炼丹的过程中发现，这些药料配合起来易着火，稍有不慎，就能猛烈燃烧甚至发生爆炸，所以，称这些物质为火药。至唐代，有确切文字记载的含硝、硫、炭 3 种主要成分的火药已经在中国诞生。自火药出现后，由于其巨大的杀伤力，很快便被应用到军事中，制成了火器。

3. 造纸术

公元 105 年，东汉时期的宦官蔡伦，他看到写字用的简牍太笨重，绢帛太昂贵，而当时已有的麻纸又不适宜于写字，就下决心一定要造出一种既便宜又便于写字的纸来。蔡伦先仔细研究了前人造纸的经验，知道了制造麻纸的原理就是把麻纤维捣烂，压成薄片。因为工艺很简单，造出来的纸就很粗糙。于是，经过不停的试验与改进，蔡伦用破布、破渔网、树皮、麻头等作为原料，其中，加入带腐蚀性的石灰等东西，捣烂了做成纸浆，对上水调稀，然后放在一个大木槽里，用细帘子去捞那浮在上面较细的纸浆。等细帘子结了一层薄薄而又均匀的纸浆以后，把它晾干，揭下来就成了一张洁白细腻的纸。这样蔡伦改进造纸术的试验终于成功了，造出了便于写字用的纸。这时候是汉和帝元兴元年，蔡伦向汉和帝献纸，受到汉和帝赞誉，造纸术于是广为天下所知。

从公元6世纪开始，造纸术逐渐传往朝鲜、日本，后来又传入阿拉伯、埃及，之后又传入了西班牙等欧洲多个国家。1150年，西班牙建立了欧洲第一家造纸厂。此后，法国、意大利、德国、英国、荷兰都先后建立了造纸厂，16世纪时纸张已经在欧洲流行。中世纪的欧洲抄写一本《圣经》需要使用300多张羊皮，文化信息的传播因为材料而受到限制，而造纸术的盛行大大节约了文化传播的成本，为欧洲的教育、政治、商业等方面的发展提供了有利的条件。

4. 印刷术

最早开始于隋唐的雕版印刷，是用刀在一块块木板上雕刻成凸出来的反写字，然后再上墨，印到纸上。每印一种新书，木板就得从头雕起，速度很慢。如果刻版出了差错，又要重新刻起，劳作之辛苦，可想而知。

宋仁宗庆历年间（1041—1049年），有个叫毕昇的工匠，他觉得雕版印刷很费事，经过反复琢磨，终于发明了胶泥活字印刷术。毕昇发明的胶泥活字印刷，是用细质且带有黏性的胶泥，做成一个个四方形的长柱体，在上面刻上反写的单字，一个字一个印，放在土窑里用火烧硬，形成活字。然后按文章内容，将字依顺序排好，放在一个个铁框上做成印版，再在火上加热压平，就可以印刷了。印刷结束后把活字取下，下次还可再用。这种改进之后的印刷术称为活板印刷术。

二、水利工程都江堰

都江堰位于四川省成都市都江堰市城西，坐落在成都平原西部的岷江上，始建于秦昭王末年（约公元前256年至前251年），是蜀郡太守李冰父子在前人鳖灵开凿的基础上组织修建的大型水利工程。2 000多年来一直发挥着防洪灌溉的作用，使成都平原成为水旱从人、沃野千里的“天府之国”，是全世界迄今为止，年代最久、仍在使用、以无坝引水为特征的宏大水利工程。

当时，秦国蜀郡（今四川省西部）经常发大水，导致大片田地荒芜，许多人家流离失所。当地人做了各种努力，但始终没能找到有效的治理办法。原来，蜀郡的成都、灌县（现为都江堰市）一带是大平原，平原周围是高山峻岭。岷江发源在蜀郡西北部终年积雪的岷山上，上游坡度很大，到了灌县附近却很平坦。一到夏天，山上积雪融化，河水暴涨并冲泻而下，到平坦地带河道盛不下，水就漫上岸来，泛滥成灾。秦昭襄王即位后，知道李

冰治水有经验，就派他来蜀郡担任郡守，掌管该地的行政事务。

公元前 272 年，李冰来到了蜀地，秉承着军事战略为第一的思想，再加上当地的实际情况，李冰决定修建都江堰。

李冰上任之后，听取了民众的呼声，并且亲临实地考察，不久就开始着手这项规模浩大的工程。在开始动工之前，李冰召集了当地比较有治水经验的百姓，一起讨论修建的方案，在开凿都江堰的过程中李冰父子还遇到了很多棘手的问题。

战国时期，并没有火药、挖掘机等设备，只有靠人工挖掘，当遇到一座大山难以挖掘时，李冰想到了一个办法，就是放大火烧山，然后再用水浇，根据热胀冷缩的原理，山体自然崩塌，这个难题也就被李冰解决了。

随后要解决的是大坝的主体。修筑大坝得先有稳固的地基，在湍急的河流中想要修筑地基显然很困难。而李冰父子又想到了利用石子，向江流中抛掷，最开始这个办法还是行之有效的，但遇到太大的风浪，石子也会随着洪流被冲走。

然而，他们又想到了一个很好的办法，就是利用竹子，编成

一个个很大的竹笼，然后再将石头投掷在竹笼里沉入江底，费尽周折才建成了都江堰大坝的大堤。

人们对这一举动的评价：重而不陷、击而不反、硬而不刚、散而不乱。虽然不知道此举是否为李冰的首创，不管是他首创还是吸取了前人的经验教训，这个做法都是简便又高效的方法，实在是不得不令人钦佩古人的智慧。

宝瓶口、鱼嘴与金刚堤、飞沙堰等都采用竹笼的方法，夏秋洪水季节，江水到了都江堰便自动调节，内江进水四成，外江进水六成，“分四六，平潦旱”。这便是都江堰的工作原理。

“蜀守冰凿离堆，辟沫水之害，穿二江成都之中”，太史公简单几句话概括了都江堰的主人李冰父子的功绩，却难以说尽他们为建造这项浩大工程后的智慧和艰辛。

公元前250年左右，历经近年的时间，都江堰终于建造而成，这一项伟大的工程不仅造福了当代人，而且福泽后世几千年。

三、中国历史上的能工巧匠

春秋战国时期的鲁班，在机械、土木、手工工艺等方面都有发明。现在，木工用的手工工具，如锯、钻、刨子、铲子、曲尺、墨斗等，据说都是他发明的。鲁班也因此成为后世公认的“工匠始祖”。

西汉史学家司马迁身受宫刑之辱，以残缺之身“究天人之际，通古今之变，成一家之言”完成了巨著《史记》，为“二十五史”之首，被誉为“史家之绝唱，无韵之离骚”。

汉朝末期的机械发明家马钧是中国古代科技史上最负盛名的机械发明家之一，他发明了指南车。马钧年幼时家境贫寒，有口吃的毛病，不擅言谈却精于巧思，后来在魏国担任给事中的官职。指南车制成后，他又奉诏制木偶百戏，称“水转百戏”。接着马钧又改造了织绫机，工效提高4~5倍。马钧还研制了用于农业灌溉的工具龙骨水车（翻车）等。

中国南北朝时期的祖冲之一生钻研自然科学，其主要贡献在数学、天文历法和机械制造3方面。他在刘徽开创的探索圆周率的精确方法的基础上，首次将“圆周率”精算到小数第七位，即在3. 1415926和3. 1415927之间，他提出的“祖率”对数学的研究有重大贡献。

隋朝李春设计并建造的赵州桥，历经1 400年的风霜，经历了无数次的重压和冲蚀、多次地震及战争，却依然屹立至今。

元代黄道婆虽然出身贫苦，没有读过书，但是她具有勤劳、勇敢、聪明、无私的高尚品德。她一生辛勤地纺纱织布，在纺织技术上有许多发明创造，为我国棉纺织业的发展作出了重大贡献。

第三章　践行工匠精神

第一节　爱岗敬业是工匠精神的本质

一、理解爱岗敬业的内涵

爱岗敬业是爱岗与敬业的总称。爱岗和敬业，互为前提，相互支持，相辅相成。“爱岗”是“敬业”的基石，“敬业”是“爱岗”的升华。爱岗敬业指的是忠于职守的事业精神，这是职业道德的基础。爱岗就是热爱自己的工作岗位，热爱本职工作，敬业就是要用一种恭敬严肃的态度对待自己的工作。

二、工作无贵贱，都要珍惜

大多数人觉得工作比生活更枯燥，除了累就是烦外，看不到什么光明的前景，也感受不到大众的尊敬。说来说去，无非是觉得自己的工作只是为了混饭吃，对社会没有什么意义。

为什么今天的人普遍缺乏“工匠精神”？因为我们太喜欢否定自己工作的意义，根本没法像工匠那样干一行爱一行钻一行，为自己的劳动成果感到由衷的骄傲。有些人喜欢否定自己工作的意义，未必是那份工作真的有多么不堪，更多时候是攀比心在作怪。

一个年薪 10 万的人，看到身边有人达到年薪 20 万时，就会觉得自己的工作没有别人好。殊不知，年薪 20 万的人压力更大，实际工作量可能是前者的 3 倍。不同类型的工作在内容与待遇上的差异是客观存在的。但怎样看待这种差异，对自己的工作与人生作出中肯的评价，又是另一回事了。

其实，具有工匠精神的人才不会因此怠慢所谓的“不好的工作”。他们知道每个人都是社会的零件，都有着不可或缺的存在意义。无论在哪个层次的岗位，做好自己该做的事情，就是对社会的极大贡献。况且，有为才有位，不热爱自己的岗位，不肯在平凡之处奋发有为，你根本不可能脱颖而出。

三、干一行爱一行

无论从事什么行业，我们首先要热爱自己的工作，《论语》中有这样一句话：“知之者不如好之者，好之者不如乐之者。”这就明确概括了工匠精神的第一要素。

真正的“工匠精神”，既不会于无聊反复的工作程序中自然天成，也非仅具天才之人才能攀此高峰，唯有“干一行爱一行”的职业追求，方得始终。

乔布斯曾说："工作将占据你生命中相当大的一部分，从事你认为具有非凡意义的工作，方能给你带来真正的满足感。而从事一份伟大工作的唯一方法，就是去热爱这份工作。"这句话不仅提醒人们工作在人生命中的重要意义，更说明工作的伟大，很多时候来自你是否热爱它。不可否认，现实生活中，你可能很不喜欢你眼下的工作，你从工作中得不到丝毫的乐趣，也毫无创造性可言。但你必须学会爱上自己的工作、以自己的工作为快乐，否则，你很难取得事业的成功。

当一个人真正做到爱上自己的工作，心中就会有潮涌的激情和坚如磐石的信念，就有对工作的极度狂热，就有"衣带渐宽终不悔，为伊消得人憔悴"的追求和执着。

干一行爱一行是工匠精神的最好体现，是一种优秀的职业品质，是所有的职业人士都应遵从的基本价值观。只有爱上自己的工作，才会全身心地投入到工作中去，因为这样会把工作当成一种享受，这样的精神力量是鼓舞人们认真工作，爱岗敬业的动力，只有爱上自己的工作的员工才能不断提高自己的职业素质，并且在工作中体现自己较高的职业素质，在工作中发挥出自己最大的效率，才会更迅速、更容易地取得成功。

人不能在理想和幻想中生活，如果真的找不到自己心仪的工作，就应该明智地接受现实，这就是"不能改变环境，就要改变自己"，适应环境是人生存的本能。山不过来，我就过去！你不去干这一行，又怎么知道自己就一定不会爱上它呢？不论是什么样的岗位、什么样的环境，你身处其中就应该努力地去适应，所谓适者生存！在生存中求发展，为社会做贡献，实现自己的人生价值才是最理智的选择。

干一行爱一行是职业道德中一个最基本、最重要的要求。在每一个具体岗位上，不论平凡与否，高低与否，贵贱与否，都应忠于职守，不计得失，兢兢业业，任劳任怨，一丝不苟，具有高度负责的工匠精神和道德意识。我们每个人都有责任、有义务去做好每项工作，这是一种良好的人生态度。

总而言之，全心全意地热爱自己的工作，热爱自己的岗位，即使有荆棘，有羁绊，即使苦些累些，只要“心跟事业一起走”，一定能在追求与付出中体验到奋斗的快乐与慰藉。

【经典案例】

一个农民，一辈子的中国梦

河南省淅川县源科生物科技有限公司董事长闫虎成一直把自己的梦深深地扎根在土壤中，高中毕业后几十年，他的梦从没有离开过家乡的那片土地，在国家级贫困县淅川，带领农民发展食用菌、黄姜、葛根三大支柱产业，使成千上万的贫困户走上了富裕的道路。他于2006年又开始成立了研发团队，全新打造“用渠首神肥料，育功能性果菜茶”的农产品安全品牌。

源科生物立足解决农业面源污染，保护南水北调水源地水质，发展有机、循环、高效、生态农业，支持渠首高效生态经济区建设。“菜不香、瓜不甜、果不美”，是因为农民片面地看中产量一味使用普通化肥，却忽视了品质的重要性所致，这也是我国农副产品多年来走不出国门的重要原因。

闫虎成把百姓“舌尖上的安全”，维护人类健康为己任，视肥料为食物链中的核心环节，以“营养植物、健康人生”的研发为生产理念，把肥料作为粮食的“粮食”来生产，为农作物提供合理的营养套餐。有机、无机、中微量元素、矿物质、中药材五位一体的植物营养套餐“渠首神”，作为一种修复土壤的有机肥料，能把残留在土壤中的氮、磷、钾等元素的利用率提高到60%以上，大大提高了土壤有机质的含量；特别是肥料中富含微量元素的物质。它不但能减轻化肥和农药对农产品、土壤和水体的污染，而且能保护

生态环境，提高农作物抗病、抗逆、抗重茬，提升农产品品质，保障农产品的质量安全。

四、在工作中寻找快乐

“工匠精神”是一种热爱工作的职业精神。与普通工人不一样的是，工匠的工作不单是为了谋生，而是为了从中获得快乐。

工匠精神提倡，把自己喜欢的并且乐在其中的事当成使命来做，如此就能发掘出自己特有的能力。其中，最重要的是能保持一种积极的态度，即使是辛苦枯燥的工作，也能从中感受到价值，在你完成使命的同时，就会发现成功之芽正在萌发。

工作是一个态度问题，是一种发自肺腑的爱，一种对工作的真爱。工作需要热情和行动，工作需要努力和勤奋，工作需要积极主动的精神。只有以这样的态度对待工作，我们才可能获得工作所给予的更多奖赏。

不同的工作态度，反映了不同的人生境界：抱怨工作和享受工作。那些工作时乐在其中的人总能把压力变成动力，轻而易举地化解工作中的疑惧和担忧，顺利地将成功囊括在自己手中。石油大王洛克菲勒曾说：如果你视工作为一种乐趣，人生就是天堂；如果你视工作为一种义务，人生就是地狱。在天堂与地狱之间，剩下的是默默无为的庸庸碌碌。因为持有不同的工作心态，同样的工作，不同的人却是生活在不同的境界里。

托尔斯泰曾经说过：“人生的乐趣隐含在他的工作之中。”如果你在工作中感觉不到快乐，那绝不是工作的错。你如果视工作为享受，那么就会努力地工作，并从中得到快乐，这种快乐会让你更投入于工作，由此形成一种良性循环；而你如果把工作当做一种痛苦的历程，便会心生不满，敷衍了事，最终一事无成。

当我们用享受的心态去投入每一天工作的时候，工作就不是一种累赘，而是一种难得的享受。所以，你想要获得工作的乐趣，就必须转变对工作的态度，换一个角度来看待自己的工作。

其实，每一份工作都蕴含着无穷的乐趣，只要你热爱它，并全心全意地去做，就能够找到乐趣，问题的关键是看你如何认识和看待它。事实上，每一份工作，每一个领域都有挑战与乐趣。当你在工作中尽量去寻找乐趣，带着一种乐观的态度去投入工作的话，相信那种乏味、窒息的工作氛围以及自己的精神状态会大为改观。你不仅会发现自己的工作效率大大提高，你的乐观态度还会影响周围的人。这可以提升自己的工作表现和你在同事与老板心目中的美好形象，非常有利于你事业的进步。

五、把敬业当成一种使命

在竞争日益激烈的今天，现代化的大生产、国际化的工作环境对每个“工匠”的敬业精神提出了更高的要求。有人曾问比尔·盖茨，在他心目中最佳员工是什么样的，比尔·盖茨强调了这样一点：一个优秀的员工应该对自己的工作满怀敬重，当他对客户介绍本公司的产品时，应该有一种极度的虔诚。

敬业是一种极为宝贵的职业素养，它能使一个人变得更加优秀，从激烈的竞争中脱颖而出。作为各行各业的“工匠”，只有全心全意、尽职尽责，才能为自己的职业提升创造更多的机会。

那么，究竟什么是敬业呢？简单来说，敬业是指一个人对工作的态度，哪怕是最不起眼的小事，也要负责任地把它做好。具备工匠精神的人热爱自己的本职工作，将事业与兴趣挂钩。“干一行爱一行”对他们而言绝非口号，而是活生生的现实。社会上特别是在工业企业里，有千千万万的工匠们，默默无闻地为社会做贡献，成为行业里的先进人物、劳动模范。

工匠的敬业意识源于对事业的激情。因为热爱，所以愿意刻苦钻研；因为自豪，所以不为各种诱惑所动摇。他们只会为自己学艺不精而知耻后勇，不会否定自己工作的价值。具备工匠精神

的人总是坚信自己的工作对他人、对社会有很多益处，为此，他们会忘记工作的辛苦，在忙碌中保持一颗快乐的心。

一个人倘若没有敬业精神，就没有自己立足的空间，这已经是现代社会的一条“铁律”，在任何行业、任何地方都不容置疑。人唯有敬业，才能提高自己的业务能力，为自己未来的发展打下良好的基础；唯有敬业，才能保住自己的“饭碗”，不至于被社会淘汰。那么，敬业精神如何才能体现在工作中呢？

具体来说，踏踏实实地工作是敬业精神的基本表现。除此之外，人们还需要注意一些其他方面：例如，对工作要有耐心、恒心和决心。任何事情都不能一蹴而就，因此，人们在工作中要做到不计较个人得失，勇于吃苦耐劳，踏实肯干。不可只凭一时的热情、“三分钟的热度”去工作，也不能在自己情绪低落时，对工作马马虎虎、应付了事。人无论做什么事，都不能轻易放弃，一定要坚持到底，再苦再累都要尽力做好。

第二节　专心致志是工匠精神的境界

一、专注是高效率的保证

如今选择趋于多元，每个人都备受选择的困扰，而“专注”却成了一种稀缺资源。专注当下，心无旁骛，不止让你做事更加高效，而且还对减压、缓解焦虑也有不错的效果。

下面从 3 个方面介绍如何保持高效工作。

1. 启动效应：提高工作动力，从而保持专注

当员工不愿意工作时，他们常会用到一个理由：“缺少动力。”

动力是促使我们做事的力。物理学中，动力指促使机械做功的各种作用力，机械要想做功，前提是有来自外界的力。但对我们来说，动力不只是来源于外界，更重要的是源自自己。当你拖延时，会很难驱使自己着手工作，因此，我们需要强化启动效应，减少拖延。

2. 无干扰休息：休息也是生产力

劳逸结合才是最有效率的工作方式，休息有助于你重新获得专注，但大部分人的休息方式都是徒劳的，甚至起不到休息的作用，反而会起到反作用，因此，如何实现无干扰休息就变得至关重要。

无干扰休息指实现真正的休息，让你可以重新焕发能量，更积极主动地对待后续的工作。

在休息时，绝不使用参与式休息，如看会儿视频、玩会儿游戏、浏览电子邮件、刷会儿微博朋友圈等，任何在休息时会占据你头脑的休息方式都不予以采用。否则，你的头脑极易被其他信息干扰，影响到你的工作思路。

放松式休息效果才更佳，如散散步、喝杯水、伸展一下躯体或者小憩一下，都是很有效的方法。

通过休息能有效地重新组织你的能量，让你精力充沛地对待接下来的工作。

3. 主动工作：做一名积极主动的员工

想象一下，你推动一下钟摆，它会不断地摆动，直到能量消耗光，它就会停止摆动。为了让它继续摆动，你需要给它一股力——推动力。而对于员工来说也是如此，也是需要推动力来保持高效的工作状态。

在工作中，要完成从“要我做”到“我要做”的思路转变。“要我做”是被动工作，是在领导要求下不得不做的工作，是被动承受，此时外部因素占据了主导地位。“我要做”是自己要求自己，是主动出击，此时内部因素占据了主导地位。将工作当成是为自己而做，你就很容易完成这种思路上的转变。

主动分担些“分外事”。诚然，每个岗位都有相应的岗位职责，员工履行职责、按时完成工作任务是本分，如果能主动分担些“分外事”，则能磨炼员工的技能，培养员工的责任心，而且极易从中获得成就感，从而使员工更加自信。

专注的关键不在于借助外界的帮助，而更多地在于你自己，在于你使用动机机制完成更多的任务，在于你学会无干扰的休息，在于你主动完成工作，如此才能让效率最大化，保持专注的同时，又不会筋疲力尽。

二、工匠精神，无非“认真”二字

认真是什么？认真就是不放松对自己的要求，就是严格按规则办事，就是在别人苟且随便时，自己仍然坚持操守，就是高度的责任感和敬业精神，就是一丝不苟的态度。

为什么德国人生产的产品工艺超群卓越、稳固耐用，全球有目共睹？主要是因为德国人有普遍的认真的精神。德国人的认真精神最直接的表现就在产品的质量上，尽心尽力对消费者负责，对社会大众守承诺。德国企业十分重视员工的技能发展，极力培养具有专门知识技能的职工团队，提高员工的质量意识，将精工细作、一丝不苟、严肃认真的工作态度传达给所有员工，并在每个关卡做好质量把关的动作，设立严格的检查制度，将优良、无瑕疵的产品交给顾客。精益求精、追求完美质量、提供一流服务成为德国员工的自觉行动。德国人对于机械领域专注投入与追求完美的热情，让德国机械业的产业标准不断提高，拥有世界顶尖的质量水平。

德国人的认真精神造就了许多世界级的公司，这些公司为德国赢得了良好的声誉和尊重。“二战”刚刚结束的德国，管理一片狼藉。正是凭借着整个民族的认真精神，在很短的时间内取得了经济的腾飞。

世界上任何真正的业绩和伟大的成就，无一不是靠认真努力的工作换来的。认真，就好比人生命运的“发动机”，能激发起每个人身上所蕴含的无限潜能。一个认认真真、全心全意做好本职工作的员工，即使能力稍逊一筹，也可能创造出最大的价值。而一个人的能力再强，如果他不愿意付出努力，他就不可能创造优良业绩。

【经典案例】

一个老木匠

有一个老木匠做了一辈子的木匠工作，他因敬业和勤奋而深得老板的信任。当他年老力衰，对工作力不从心时，他对老板说，自己想退休回家与妻子儿女共享天伦之乐。老板十分舍不得他，再三挽留，但是他去意已决，不为所动。老板只好答应他的请辞，但希望他能再帮助自己盖一座房子。老木匠自然无法推辞。

老木匠归心似箭，心思已全不在工作上了。用料也不那么严格，做出的活也全无往日的水准。老板看在眼里，但却什么也没说。等到房子盖好后，老板将钥匙交给了老木匠。

“这是你的房子，”老板说，“我送给你的礼物。”

老木匠愣住了，悔恨和羞愧溢于言表。他一生盖了那么多豪宅华亭，最后却为自己建了这样一座粗制滥造的房子，感到非常懊悔。

同样一个人，可以盖出豪宅华亭，也可以建造出粗制滥造的房子，不是因为技艺减退，而是因为他没有认真地对待自己的工作。如果一个人希望自己一直能有杰出的表现，就必须始终认真负责地去工作，严于律己，善始善终。否则，就会像老木匠一样，辛辛苦苦一辈子到头来却因一次工作上的敷衍“糊弄”了自己。

“认真”是工匠精神的一种体现，同时，也是一个人品行的

反映。只有养成认真的习惯，我们才能充分展现自己的能力，才能在自己的职业生涯中获得成功。学会认真、养成认真工作的习惯，无疑是每个人事业道路上最重要的必修课。

三、心无旁骛，一心盯紧自己的工作

每个人的出生背景不同，天赋条件各异，但机会均等，人人都有大有作为的可能。如家庭富裕的人，创业是比较容易，但往往太容易到手的成功，对人就缺乏吸引力，难免会影响其创业激情；而出身贫寒的人，通常举步维艰，但是，穷则思变，变则通，其生活的磨难使其对成功充满渴望，激发了斗志。而是否成功，关键就在于是否能专注于其中。

虽然每个人都有成大器的可能，也有成大器的意愿，但最终心想事成者往往只是少数人。之所以如此，是因为多数人做事情不能专注于其中，不能坚定目标、持之以恒。在人的一生中，值得追求的东西很多，如果什么都想要，就什么也得不到。所以，无论做什么事，只能选定一个目标，全力追赶，不受其他事物的诱惑，才可能达成心愿。这好比狮子追赶猎物。狮子会盯紧前面的目标穷追不舍，即使身边有其他猎物出现，距离前面的猎物再近，它也不会改换目标。因为狮子追赶猎物，不仅是速度的较量，也是体能的较量。只有盯紧前面的目标并专注于其中，当猎物跑累了，十有八九会成为狮子的美餐。如果狮子改换目标，新猎物体能充沛，跑得会更快、更持久，捕捉到的可能性就更小。

我们干事业也理应如此，人的精力有限，如果精力分散，什么事情都去做，什么事也做不好，就别说做到极致了，到头来只会两手空空。所以，我们在做事情时，必须专注于所做的事情之中，针对具体的事情，采取有针对性的措施，把事情做细、做实，针对一个目标穷追不舍，才可望有所收获并做到极致。

工匠一生不为名利，甘于寂寞，心无旁骛，只求工作的一丝不苟、精益求精，作品的登峰造极、极致完美。在工作中，他们只盯着工作目标，很少去想别的事情，很少考虑其他的，所以，他们的作品才那么精致，那么完美。也正因为如此，才有了他们人生的辉煌，精神的超凡脱俗，才有千古传诵的美名。

【经典案例】

全国优秀农民工——缪沅振

2016年5月23日，在热火朝天的磨选生产厂房里，一选厂磨选组组长缪沅振带着2015年度“全国优秀农民工”荣誉证书回到了工作岗位上。就在5个月前，他刚刚被授予了云南省“浮选工技术比武状元”称号。谈起这些的荣誉，大家称赞最多的就是缪沅振对工作的严谨和对选矿经济技术指标的专注。

成长练就匠心

13年前，缪沅振刚到大红山铜矿入职就被分配到选厂、选矿的核心流程系统成为一名浮选工。很快，同事们就给天天在现场问东问西的他定了位，这不过是“新鲜劲”，过段时间积极性就没这么高了，毕竟大家都是这么过来的。可是谁又曾想到，同事们的“预言”似乎有些不准，这“新鲜劲”却一直不曾消退，13年来，随身携带一个笔记本记录每一个流程问题、每一次的调整数据，都将是他成为选矿工匠的历程，记录在了大家的眼里和心里。

“给自己信心，相信自己能干好。”这是缪沅振对待工作的态度。谈到如何管控磨矿细度、稳定浮选流程、提升选矿指标，他都有说不完的话。与缪沅振同年入职的李师傅说，刚入职的时候，为了能够在短时间内掌握矿浆浓度的变化、颜色的深浅，探试冲气量的大小，调节泡沫层的厚度，他往往是8个小时的上班时间却上了10个小时，并在入职3个月后的技能考核中脱颖而出，率先独立上岗。

喜欢琢磨的他通过日常细心的观察记录和调整判断，提出了浮选岗位“三辨”“四调”和“稳当先”的操作方法，在对磨矿细度、矿浆颜色浓度、气泡大小进行辨别的基础上，采取调节水量、矿量、药量、充气量，有效对气泡量、气泡大小、泡沫层厚薄进行调整，稳定提升浮选经济技术指标。成长中练就的匠心，在2015年用一项云南省“浮选工技术比武状元”的荣誉，让缪沅振得到了大家的肯定。

巧匠带出高徒

一个企业的发展，不仅依靠先进的设备和优秀的专业技术人员，更需要一批高技能的职工队伍，特别是具有工匠精神的团队。作为磨选组的组长，缪沅振这个巧匠带出的高徒，可谓是青出于蓝而胜于蓝。

入职仅3年就在2016年5月荣获云南省“巾帼标兵”荣誉称号的和翠英说：“2013年参加工作的时候，很幸运地跟着缪师傅学习了一年的浮选工艺，他精益求精、注重细节的精神对自己影响很大。他调整完善工艺流程、运用技术指标管理看板解决实际生产中的质量问题的一些方法，让我觉得高手真的在民间。”

同是“巾帼标兵”的李映霞更是对缪沅振充满信服。她说：“原来大家对取样、称量、读数，测量药剂浓度都是习惯性的‘扫一眼’，现在在他的亲自示范和严格的工作要求下，取样前会主动清理取样器，读数也从斜视纠正为标准的平视，配比药剂也经过反复的称量，大家的工作习惯都在细微处不断转变。”

2015年11月，进入云南省浮选工技能比武大赛决赛的一选厂14名选手中，有8人来自缪沅振担任组长的一选厂磨选组。

每天一次的岗位操作流程复述、每周一次工艺操作技术培训、每月一次的技能考核，每季度一次的模范员工评选奖励，执行落实KPI分解考核，缪沅振带领班组克服了极限配矿、入选品位降低等诸多困难，较2014年，2015年铜回收率提高1.32个百分点，铜精矿品位提高1.14个百分点。

两眼向外的精益班组长

在提升浮选操作技术的基础上，缪沅振没有将精益求精的脚步停下来，他将指标提升的目光瞄向了浮选的上游环节——磨矿，试着从磨矿质量上的差异上查找对浮选环节的影响，提升选矿经济技术指标。

2015年8月，一选厂3号球磨机准备更换一种新的衬板进行试用，在新合金衬板试用安装过程中，缪沅振从一开始就对新衬板按照安装部位进行分类测量，然后再凭着以往的经验，反复模拟思考着每一个改造安装的细节，总结出快速改造安装的方法，大幅度提高了改造工作效率，确保了一次性改造安装试用成功，把对生产的影响降低到最小。在改造完成运行后，缪沅振对衬板试用后的三班磨矿细度、磨损情况进行记录，了解新衬板对选矿技术指标带来的影响并及时调整，确保了新衬板试用期间的指标稳定，同时，也为后续的机台更换试用提供对比数据。

带着这份认真，2015年，缪沅振荣获云铜集团“精益班组长”荣誉称号。

“作为一名匠人可能会一生平凡淡泊，却可以因为内心的坚守而实现自我人生的价值。这种情怀是内心的呼唤，也是工匠衡量自己人生分量与质量的砝码。”也许此刻，只有缪沅振知道，有着对工作的热爱，这份“新鲜劲”恐怕一辈子都不会过。

四、不受世俗干扰，找到职业信仰

诱惑就是诱导别人离开自己的思维方式与行动准则，步入歧途。当今世界，纷繁复杂，充斥着各种诱惑。几乎每个人都会遇到形形色色、五花八门的诱惑：功名利禄，金钱美色，“小可一粟一毫，大可金银珠宝”。诱惑的考验无时不在。诱惑就像一束美丽的罂粟花，始终在你面前洋溢着迷人的芬芳，不断吸引你、召唤你，使你觉得立即拥有它将会多么快乐。然而，一旦当你成为诱惑的俘虏时，你赖以骄傲的专业能力或睿智的判断就立即成为缴械后不再具有任何战斗力的废物。其实，在芝麻与西瓜之间，一定要明白什么是自己明智的选择。如果某种诱惑欲望能满足一个人当前的需要，却会妨碍其达到日后更大的成功，该怎么选择，其实一清二楚。

能将一生奉献给一门手艺、一项事业、一种信仰的人，必能专于其中，练就炉火纯青的技术，定能打造作品极致完美，登峰造极。如此之人必然不受世俗干扰，不为名利所惑。

人在工作岗位，时时都面临着诸多诱惑，权重的地位是诱惑，利多的职业是诱惑，光环般的荣誉是诱惑，欢畅的娱乐是诱惑，甚至漂亮的时装、可口的美味佳肴都是诱惑。面对这些诱惑，人们该何去何从？答案只有4个字：战胜自己。

如果一个人伟大，那么绝对不是因为他征服了别人，而是他先征服了自己。征服自己的懒惰，征服自己的自私，征服自己的骄傲，征服自己的自卑，征服自己对功名利禄的痴迷，对金钱地位的向往。

人最大的敌人往往是自己！古往今来，有多少人因经不起花花世界的诱惑而让自己身败名裂。只有战胜自己的欲望，才不会成为诱惑的陪葬品。离诱惑远一点，最好的办法就是“管住自己”，管住自己的嘴、手、心。只要征服了自己，对功名利禄不再动心，而是专注于自己的工作，潜心于自己的学问，那么，诱惑也就不再能让人们着迷，人们也就超越了自己，生命会更灿烂，阳光会更明媚，世界会变得更加精彩。

第三节　持之以恒是工匠精神的灵魂

一、用执着去演绎精彩

工匠，是坚持不懈者、精雕细琢者。工匠精神蕴含的是坚如磐石、心无旁骛的品质。“贵有恒，何必三更眠五更起；最无益，莫过一日曝十日寒。”要完成一项工作最为难能可贵的就是善始善终地坚持到底。在建功立业的过程中，难免会经历孤独、遇到困难、面对诱惑，这时一定要执着地坚持下去，耐住寂寞、稳住心神、经住诱惑，不达目标，绝不言弃。事业千古事，非一朝一夕之功。工作推动像工匠求艺那样，一定要耐得住寂寞，稳得住心神，经得住诱惑，要有滚石上山的勇气和气魄，少一些急功近利，多一些真抓实干，一步一步推进，一点一点积累，实现量变到质变的跨越。其实，成功的法则是很简单的，那就是锲而不舍，只要能坚持到底，就会赢得最后的胜利。

世上的事，只要不断努力去做，就能战胜一切。哪怕事情再苦、再难，只要持之以恒、坚持到底，就有希望，就有成功的可能。

每一个伟大的成功，其秘密都在于不屈不挠的意志力和执着顽强的忍耐力；即便因为屡次失败而遍体鳞伤，仍然痴心不改，坚持到底！

坚持是解决一切困难的钥匙，它可以使我们在企业面临困难时把万分之一的希望变成现实。歌德这样描述坚持的意义：“不苟且地坚持下去，严厉地驱策自己继续下去，就是我们之中最微

小的人这样去做，也很少不会达到目标。因为坚持的无声力量会随着时间而增长，到没有人能抗拒的程度。”所以，为了我们自己的事业，我们应该坚守执着，也许收获有迟有早，有大有小，但我们坚守执着的本身，就是一种人生的一大收获。坚持是一场漫长的分期分批的投资，而落实是对这场投资的一次性回报。作为一个执行者，他绝不会在困难面前停止不前，因为执着于工作本身就是执行者的工作作风。

二、成功是在寂寞中坚持的结果

很多时候，工匠行为的成果，可能需要数年甚至数十年的时间，人们才能完全意识到它的社会影响力，所以，要成为工匠，前提就是要耐住寂寞，数十年如一日地追求着职业技能的极致化，靠着传承和钻研，凭着专注和坚守，去缔造了一个又一个的奇迹。

【经典案例】

一个小和尚的修行

一个小和尚耐不住禅院的寂寞，总觉得修行太慢，感觉不出自己的长进，甚至他怀疑自己究竟能不能修成正果。

有一天，他再也没法儿忍受了，就向老禅师发牢骚，说自己没有慧根，缺少佛性，对自己失去信心了。

老禅师微微一笑：“山腰的工地上，石匠们正在为本寺加工佛像，你反正也静不下心来，就跟他们去劳动吧，做个帮手，学点手艺……”

小和尚一听，居然特别高兴，心想，终于可以出去透透风了。

可是3天后小和尚来找禅师，他满面惭愧：“师父，我还是回来修行吧，连四角八棱的粗糙岩石都能在工匠的雕琢下变成仪态万方的石佛，何况我是一个人呢？”

人人都有寂寞的时候，但并非人人都能够战胜寂寞感。一个成功的人是不怕寂寞的，是因为他懂得战胜寂寞、品味寂寞。

寂寞，是思想上的考验，更是精神的历程。任何一个有辉煌成就的人，都是与寂寞做伴。寂寞孤独的人未必都能取得辉煌，但有辉煌成就的人一定能经得起磨难，耐得住寂寞，承受得住孤独。

【经典案例】

一家跨国企业的招聘

一家跨国企业发布了招聘启事，数百人前来应聘，而公司的招收名额不足10个。

公开招聘是在早上9:00，设在一个大会议室里。公司将应聘者的名单贴在椅子上，让他们对名入座，然后在自己的座位上静静地等待。可是，几个小时过去了，没见招聘人员身影；半天过去了，还是没有人来……一些经过充分准备的应聘者们便失去了耐心，有人开始大声提出抗议，有人开始不停地来回走动，整个会议室由安静变得嘈杂起来。

午饭的时间都过去了，大多数应聘者终于失去最后一点耐心，选择了离开。也是，一个上午都没见到面试官，午休时更不会有人来了，总不能让大家在这里无限地空等下去吧。一会儿，会议室里便只剩下5个人。这些人除了去过厕所外，一直坐在自己的座位上，或深思或看书……他们的与众不同显得很是孤寂。

就在大家苦苦等待的时候，面试官来了，将剩余的5个人全部录用。面试官说："耐得住寂寞静心等待的人最善于思考，最能获得成功。所以，公司采用这种方法招聘。"

由此看来，只要耐得住寂寞，倾心于事业，才能干出非凡的成绩。耐得住寂寞是所有成功者遵循的一种原则。工作中，只要我们能够耐得住寂寞，就能够甘于在底层磨炼摔打，精心积蓄，

变失败为成功，最终走到事业的顶峰。

三、终身学习，活到老学到老

一流匠人在面对未知、未解的难题时能够不断钻研、不断学习，我们也要学习这种精神，常怀“归零心态”和“空杯心态”，不断掌握新知识、新技能，系统学习、认真钻研，掌握精髓、融会贯通。

学习是我们发展的基础，因为只有不断地学习，掌握新知识、新技能，我们的视野才会更开阔，思路才会更清晰，我们才能紧跟时代发展的脚步，成为企业的发展动力，而不是被企业淘汰。

社会竞争日趋剧烈，生活情形日益复杂，所以，你必须具备充分的学识，接受充分的教育训练，来应对社会生活的变化。如果你满足现状，不思进取，那么，你就不能使自己的命运向更好的方向发展。在当今社会中，任何人都不能满足现状，只有勤奋努力，才能适应社会生活，实现职场目标。

学习的重要性不言而喻，歌德说过：“人不光是靠他生来就拥有一切，而是靠他从学习中所得到的一切来造就自己。”随着人类文明的发展，知识也需要不断地更新。因此，人天天都学到一点东西，而往往所学到的是发现昨日学到的是错的。只有不断学习，才能使自己跟上社会的发展。

【经典案例】

两名同学的对比

张学强和陈骞是高中同学，高考的成绩也不相上下，同时考入了某大学，但就在收到录取通知书的同时，张学强的母亲突患急症而入院急救，经查诊为脑出血，因抢救及时而无生命危险，但却从此成了植物人。这无疑给那个本不宽裕的家庭造成了重创，望着白发愁眉的老父和躺在特护间里的老母，张学强决定放弃学业，以帮老父维持这个家的生计。为了偿还给母亲治病欠的债，他决定出去打工。

在建筑工地上，张学强起初是个苦力工，由于有些文化底子，经理有意要张学强到后勤去做预算工作，但后勤是固定工资，收入稳定但不高，张学强就请经理给安排在一线赚钱多点的岗位。在工作期间，张学强边干边学，不耻下问，很勤快，对任何不懂的东西都向有关的师傅请教。在实践中虚心学习，使张学强在一年多的时间里掌握了几种主要建筑工程必备的技术。但这只是实际操作知识，张学强又利用那点有限的休息时间，购置了些建筑设计、识图、间架结构等有关书籍资料，开始在蚊子叮、灯光暗的工棚里学习。

偶尔与陈骞通信，他在信里给张学强描述大学的生活如何的丰富多彩，信上说，大学里可以和同学处对象，进舞厅，同学们可以到校外去聚餐野游喝酒。张学强写信说自己打工的条件很苦，没有机会上大学了，劝陈骞要珍惜那里优越的学习机会和条件。陈骞回信说在大学里学习一点都不紧张，学的只要别太差，一样会拿到毕业证的。

第二年，张学强基本掌握了基建的各种操作技术和原理，渐渐由技术员提升为副经理。由于张学强的好学肯干精神以及扎实的功底，公司试着给张学强一些小项目让其去施工。由于措施得当和管理到位，张学强的每个项目都完成得非常出色。在这期间，张学强仍没放弃学习，自修了哈佛管理学中的系列教程，还选学了一些和建筑有关的学科，准备参加自考，完善自我。

第三年，公司成立分公司，在竞选经理时，张学强以优秀的成绩竞选成功，他准备在这个行业中大展宏图、建功立业。

同年6月，上大学的陈骞毕业了，由于平时学习不太

刻苦，有几科考得很不理想，勉强拿到毕业证。因此，在很多用人单位选聘时都落选，只有一家小公司看中他，决定试用半年，由于刚毕业且在实习期，工资和待遇不高以及工作条件不理想，陈骞很恼火。由于他学习成绩不佳，且在工作中态度不端正，双方均不满意，只好握手言别，陈骞失业了。

此时的张学强已是拥有近千人的工程公司的经理，仍在远程教育网上进修与业务相关的课程。陈骞到张学强这说自己要给他做个助手，“朋友嘛，总有个照顾。”张学强说：“来是可以，我这里同样也只问效益和贡献，没有朋友和照顾，要拿得出真才实学。到哪都会得到承认，光靠朋友和照顾，那是对你以及我公司的失职，那永远是靠不住的。”

不断地学习是成功必备的重要条件。我们要用学习来武装自己的头脑，充实自己的生活。因为，只有不断地学习，才能不断地进步，只有不断地进步，才能一步步接近成功。

对职场人士的你来说，利用多余时间学一些对工作有利及提高工作效率的知识，利用目前可供自己自由思考的时间来保证你将来成功，这既是投资，也是保险，更是将来的利润。

一个真正成功的人，即使每天工作再多再累，他也绝不埋怨，并且还能腾出时间来进修。这也正是成功的秘诀之一，因为他们相信知识的力量是无穷的，学无止境。

在这个“知识经济”时代，我们必须注重自己的学习能力，必须能够勤于学习，善于学习，并且终身学习，才能在竞争激烈的社会中立于不败之地。

第四节　精益求精是工匠精神的绝技

一、没有最好，只有更好

“最好”是无止境的，任何时候都要想到“更好”。“没有最好，只有更好”说明了对质量的追求永不知足，永远在改进。永远只认为自己还在路上，离终点还有距离。

“人生就是逆水行舟，不进则退。”要想在这个竞争日益激烈的社会立足，占得一席之地，非有努力进取、精益求精的精神不可。做事精益求精是一种优秀的习惯，这种习惯不仅能够使我们心情愉快、精神饱满，还可以使我们的才能迅速得到提升，学识日渐充实，自己在不断进步中逐渐提升人生品位；反之，即便你再有才华，再有能力，如果做事没有精益求精的精神，总是马马虎虎，那么，我们定然无法进步，做不出什么成就来。我们所有的能力、天分、智慧和独创力也可能会消磨殆尽。对自己的技术精益求精，可以让你的技术更加进步。对生活质量精益求精，可以让你看到更好的生活方式，让你的生活更加美好。对企业管理追求精益求精，会让整个企业焕发生机，蓬勃发展。

在人的身上，有一种神秘的力量就是进取心，使我们向目标不断努力。它不允许我们懈怠，它让我们永不满足，每当我们达到一个高度，它就召唤我们向更高的境界努力。人生的价值在于不断进取，在这方面无数成功者为我们树立了光辉的典范。当人们问德鲁克最满意的自己的作品时，他说：“当人们问我最满意的自己的作品时，我永远会说是下一本。我没有玩文字游戏，我是在告诉人们我要以追求完美的心态来创作。我现在已经比威尔第创作《福斯塔夫》时年龄更大了，却仍然在构思并创作我的两本新书。我希望这两本书要比自己从前的任何作品都更加出

色，更接近完美。”

有人向美国薪水最高的职业经理询问成功的秘诀，他说：“我还没有成功呢！没有人会真正成功，前面还有更高的目标。”

二、一丝不苟，在细微处用心

在生活中，细节因其琐碎、繁杂，常常为人们所忽略。然而，当今时代是一个细节制胜的时代。国际名牌 POLO 皮包凭着“一英寸之间一定缝满八针”的细致规格，20 多年在同行业中立于不败之地；德国西门子 2118 手机靠着附加一个小小的 F4 彩壳而成为“万人迷”……生活的一切原本都是由细节构成的，每个人所做的工作也都是由一件件小事构成的，如果一切归于有序，决定成败的必将是微若沙砾的细节。在现代社会分工越来越细和专业化程度越来越高的今天，随着精细化管理时代的到来，细节的竞争才是最终和最高层面的竞争。

诚意之作不是光靠热情就能完成的。工匠有着把工作视为使命的激情，但做事时依靠的是严苛的理性。他们不厌其烦地重复着一道道工序，全神贯注地审视着每个细节。一件产品的诞生离不开多个部门的合作，里面注入了无数工作人员的心血。假如有一个环节出问题，其他人的努力可能就要白费了。工匠精神有着穿越时空的伟大力量，但它体现在一个个微不足道的细节当中。轻忽细节是人类常见的毛病，特别是那些看起来没什么影响的细节，很难得到大家的重视，然而其中很可能将就隐藏着我们可能出现的错误。

学习工匠精神，最需要的不是感叹“大国工匠”们超乎常人的品格，而是先学会他们认真对待一切问题的态度。睿智的将军总是把小敌人当成劲敌来打，处处周密部署，谨慎戒备，所以，从来不会被敌人打得措手不及，这种态度也是“工匠”的作风。敲好每一颗钉子，拧好每一个螺丝，工具使用后按规定精心保养与回收，把每个小细节做好，一步一步把大系统也做精。

细节决定成败，细节更能决定有没有耐心，有没有精神。只有在细微处用心，做到极致，才能让工匠精神体现出来。因此，工匠精神就是要把细节做好的过程。细节做好了，无论做什么，都是一把好手，才是真正的工匠。

“细微之处见精神”。微小而细致的细节不会在市场竞争中显得那么大张旗鼓，可以取得立竿见影的效果，但是它有着自己的独特精神。小事的竞争，就像春雨润物，无声无息又潜移默化。在科技发展达到相当水平的今天，大刀阔斧地干就可以大大超越别人的年代已经一去不复返了，决定竞争胜利与否的因素，往往就是一点一滴的工作细节。也许一丝一毫的差别并不大，但可能就是一丝一毫的差别，铸就了用户对品牌的认可。

对个人的发展来说，每一项细微的工作，如敲定一个符号、纠正一个错误、修正一个计划等，都会对事业的发展产生重要的影响。所以，我们无论做什么，都不能忽视工作中每一个微小的细节，把小事做好，才有做大事的能力，也才能把大事做好。

三、精益求精，杜绝“差不多”

对于工匠来说，细致、精心、认真是最根本的品质，也是最可贵的态度，对于任何细节、任何小事都以完美的态度来对待，从来不会粗心大意。

差不多就是有差距，有差距就是差很多。事实确实如此。而这也正是眼下浮躁的人应该注意的地方，因为大部分人经常会出现内心的不平：我和××都差不多，凭什么他升职而我不升，凭什么他得奖而我没有，凭什么他加薪而我没有，等等。一大堆这样的不平，其实都可以这样解释：差不多就是有差距，有差距就

是差很多。

正如不平凡与平凡之间，差的就是那么一点点超越。爱迪生说："天才是1%的灵感，99%的汗水。"现实生活中，有很多时候，很多的事情就差那么一点点，而正是这一点点，就造成了巨大的差别。如跑百米的10秒和9秒，就差这么1秒，那就是业余和世界冠军的差别。

很多时候人们都会忽视小细节，觉得差不多就行，但往往"差不多"的结果是"差很多"，差很多的结果就是出问题，就是有损失。

某国有商业银行一个储蓄所，值班员工在为客户办理定期存款业务时，误将一笔1万元定期存单打成10万元的定期存单，给银行带来了一定的损失。

古话说，行百里者半九十，意思是，你走一百里，走到九十里，才走了一半，最后十里的重要程度占到一半。在物流公司，他们通常会讲"最后一公里"，这最后1千米的运费，可能和前面1 000千米的运费差不多，甚至更贵。所以，事情好坏，或成败往往就在那么一点点，真正的差别也就在那么一点点，你多做一点，他少做一点，就成了差距所在。

做事情如果有“差不多”“大概过得去”“还行吧”“凑合”这样的心态，那是最要命的。正是因为人们有这种心态，工作中才漏洞百出，失误频频，所生产的产品才瑕疵众多，缺乏竞争力。因为“差不多”，许多企业如昙花一现，它们的产品也只能沦落地摊或被标上二等品，与一等品只差一点，其价值就相差很多。很多时候，“差不多”就是差很多。

“差不多”有时会差很远，无论是相差0.1毫米还是0.1秒，都是毫厘之差，结果却是天壤之别！如短跑，一二名之间有时可能相差0.01秒；又比如赛马，第一匹马与第二匹马相差仅半个马鼻子，差几厘米而已，却是冠军与亚军两个级别之差。

凡事最怕“认真”二字。当“差不多”时，不妨思考思考，是否可以更进一步就不用讲“差不多”？如果一直“差不多”，最后就会差很多！也许在生活中，“差不多先生”对任何事都看得破、想得开、不计较。不过，在工作中“差不多”的心态必须杜绝，因为每个员工都是团队的一分子，如果每个人都讲“差不多”，那一定会给公司或个人造成不必要的损失。

不少人面对工作总是将“差不多、过得去、慢慢来”挂在嘴边，在这种意识的作用下，工作难免会有失误或出问题，而当问题一旦出现后又总找借口。这种“差不多”心态要不得！无论做什么事情，都要多问自己几次“真的可以‘差不多’？差那一点儿会给自己、给公司、给顾客带来什么害处？”如此才能彻底告别“差不多先生”，真正杜绝“失之毫厘、谬之千里”。

如果说粗心大意有时是无心之过，那“差不多”则是意识的问题。在我们的工作中，一定要传承工匠们的一丝不苟、追求极致的精神。从思想深处杜绝“差不多”心态，杜绝日常的粗心大意，成为真正合格的工匠。

【经典案例】

在钢筋混凝土中书写“工匠精神”

不分白昼黑夜，不论春夏秋冬，他都坚守在工地，安全帽遮不住烈日，挡不住寒风，却圆了他的建筑师梦。他就是昭化区建筑行业孕育出的最基层的一名建筑工匠——夏思元。

2008—2019 年，汶川大地震后，夏思元得知四川省广元市作为重灾区，便利用自己从事建筑钢筋工作多年的经验，积极带动当地广大农民工投入到灾后重建的工作中来。

在灾后重建的工作中，他不断地在提高自己的业务水平能力，同时，也不忘帮助其他员工提高技术水平，将自己所学的专业知识和多年的实践经验传授给他人。在工程施工中，他做事严谨，严格要求自己，严格要求员工，把握好每道施工工序质量，确保施工质量安全。

他曾多次参加区市建设行业组织的技术培训，在昭化区组织带领大量钢筋工人员进入建筑工作岗位。对昭化建筑业作出突出贡献。他参加了“2014 年广元市建筑职工职业技能大赛”荣获一等奖。

2016 年特聘四川省广元市利州中专建筑专业学员实地现场教学教员，为学员讲授建筑结构理论，钢筋施工操作规范，钢筋施工安全等专业知识，并将理论与实践相结合指导学员。

近 5 年时间，他荣获多项荣誉，包括：“2014 年四川省职工职业技能大赛”荣获优秀奖、广元市昭化区 2016 年度“昭化工匠”荣誉称号、“广元市 2017 年建筑行业技能大比武钢筋工”荣获第二名、2018 年度全市建筑行业职业技能大比武钢筋工比赛中成绩优异获“广元市建筑工匠”荣誉称号、2018 年度广元市建筑行业职业技能大比武钢筋工比赛荣获第二名、2018年被评为柏林古镇国家AAAA级旅游景区创建工作荣获“优秀工匠”荣誉称号。

第五节 创新是激发工匠精神的动力

一、创新与创新思维

(一) 创新的概念和特征

1. 创新的概念

创新是以现有的思维模式提出有别于常规思路的见解为导向，利用现有的知识和物质，在特定的环境中，本着理想化需要或者为满足社会需求而改进或创造新的事物、方法、元素、路径、环境，并能获得一定有益效果的行为。具体来说，创新是指人为了一定的目的，遵循事物发展的规律，对事物的整体或其中的某些部分进行变革，从而使其得以更新与发展的活动。

关于创新的标准，通常有狭义与广义之分。狭义的创新是指提供独创的、前所未有的、具有科学价值和社会意义的产物的活动。例如，科学上的发现、技术上的发明、文学艺术上的创作、政治理论上的突破等。广义的创新是对本人来说提供新颖的、前所未有的产物的活动。也就是说，一个人对问题的解决是否属于创新性的。不在于这一问题及其解决办法是否曾有别人提出过，而在于对他本人来说是不是新颖的。

具体来说，创新主要包括以下4种情况。

(1) 从生物学角度来看。创新是人类生命体内自我更新、自我进化的自然天性。生命体内的新陈代谢是生命的本质属性。生命的缓慢进化就是生命自身创新的结果。

(2) 从心理学角度来看。创新是人类心理特有的天性。探究未知是人类心理的自然属性。反思自我、诉求生命、考问价值

是人类客观的主观能动性的反映。

（3）从社会学角度来看。创新是人类自身存在与发展的客观要求。人类要生存就必然向自然界索取需要，人类要发展就必须把思维的触角伸向明天。

（4）从人与自然关系角度来看。创新是人类与自然交互作用的必然结果。

2. 创新的特征

创新既是由人、新成果、实施过程、更高效益 4 个要素构成的综合过程，也是创新主体为实现某种目的所进行的创造性的活动。它的主要特征包括以下几个方面。

（1）创造性。创新与创造发明密切相关，无论是一项创新的技术、一件创新的产品、一个创新的构思或一种创新的组合，都包含有创造发明的内容。创新的创造性主要体现在组织活动的方式、方法以及组织机构、制度与管理方式上。其特点是打破常规、探索规律、敢走新路、勇于探索。其本质属性是敢于进行新的尝试，包括新的设想、新的试验等。

（2）目的性。人类的创新活动是一种有特定目的的生产实践。例如，科学家进行纳米材料的研究，目的在于发现纳米世界的奥秘，提高认识纳米材料性能的能力，促进材料工业的发展，提高人类改造自然的能力。

（3）价值性。价值是客体满足主体需要的属性，是主体根据自身需要对客体所作的评价。创新就是运用知识与技术获得更大的绩效，创造更高的价值与满足感。创新的目的性使创新活动必然有自己的价值取向。创新活动源于社会实践，又向社会提供新的贡献。创新从根本上说应该是有价值的，否则就不是创新。创新活动的成果满足主体需要的程度越大，其价值就越大。一般来说，有社会价值的成果，将有利于社会的进步。

（4）新颖性。新颖性，简单理解就是“前所未有”。创新的产品或思想无一例外是新的环境条件下的新的成果，是人们以往没有经历体验过、没有得到使用过、没有贯彻实施过的东西。

用新颖性来判断劳动成果是否是创新成果时有两种情况：一是主体能产生出前所未有成果的特点。科学史上的原创性成果，大多属于这一类，这是真正高水平的创新。二是指创新主体能产生出相对于另外的创新主体来说具有新思想的特点。例如，相对于现实的个人来说，只要他产生的设想和成果是自身历史上前所未有的，同时，又不是按照书本或别人教的方法产生的，而是自己独立思考或研究成功的成果，就算是相对新颖的创新。两者没有明显的界线，只有一条模糊的边界。

(5) 风险性。由于人们受所掌握的信息的制约和对有关客观规律的不完全了解，人们不可能完全准确地预测未来，也不可能随心所欲地左右未来客观环境的变化和发展趋势，这就使任何一项改革创新都具有很大的风险性。

(二) 创新的思维

1. 创新思维的方式

既然创新那么重要，在创业过程中应如何实现创新呢？首先，要培养自己的创新思维和意识，它是创新过程中的关键，是创造力的核心和源泉。一个具有创新性思维的人会有积极的求异性、敏锐的观察力、丰富的想象力、独特的知识结构以及活跃的灵感。这样的人一般也能够面对和解决新的问题，并能够抓住事物的本质，运用丰富的想象力将所学到的知识应用到其他的活动中。

对创业者来说，发现问题是创新思维培养的基础，产生疑问是创新的第一步，如果产生疑问但不能进行继续思考也是不能开展创新创业活动的。创业者要培养自己多维度的以及足够的思维空间，要能跳出原有的定势思维或者常用的思维框架。如何才能拥有多维度的思考框架呢？创业者可以依赖于具体的创业活动，

在创业活动中，对各种知识，包括天文、地理、经济、管理，或者说对各种学科、各种学派、各种理论、各种方法进行学习和研究，从中汲取养分，通过新的综合与提高，形成新的思维方式。

2. 创新思维的方法

（1）发散思维和聚合思维。在常用的几种创新思维中，发散思维是一种较为普遍的创新思维方式。发散思维又称为扩散思维，是对同一问题从不同层次、不同角度、不同方面进行思索，从而求得多种不同甚至奇异答案的思维方式。它的特点是多向性、灵活性、开放性与独特性，多向性是指从问题的各个方面去思考，避免单一、片面；灵活性是指在各个方向之间灵活转移；开放性是指每个思路都可以任意思考下去，没有任何限制；独特性是强调思路的特殊性、奇异性，富有创新性。

与发散性思维相对应的聚合思维，聚合思维又称为收敛思维，是为了解决一个问题，尽量利用已有的知识和经验，把各种相关信息引导、集中到目标上去，通过选择、推理等方法，得出一个最优或符合逻辑规范的方案或结论。其主要特点是同一性、程序性、封闭性和逻辑性，同一性是指思考的目标是同一的，是向一个方向进行的；程序性是指不像发散思维那样灵活、自由，在思考的时候必须沿着一些程序进行；封闭性是指其思考范围有限，应面向中心议题；逻辑性是指思维过程必须遵守逻辑规律。

发散思维和聚合思维都是创新思维中重要的思维方式，他们看似相反，但其实是相互作用的，在创新的过程中发挥着不同的作用。只有把发散思维和聚合思维辩证统一起来，当做思维方式不可分割的两个方面，才能真正理解、发挥它的作用。发散思维方式是从一个点向外扩展，产生的观点、办法越多越好，侧重于数量，它可以帮助创新者拓展思路、冲破思维定式的束缚，从各个方向上想出许许多多新奇、独特的办法或方案。聚合思维是从四面八方向内集中，从多个方案中选出或者综合集成为一个最优的方案，侧重于质量，将所设想出的各种方法、方案加以分析、比较，为创新选择方向。

发散思维与聚合思维是分离、交替进行的，在使用两种思维方式的过程中，不能同时进行，同时进行会将结果相互抵消，作用等于零。在同一个项目过程中，可以在前期采用发散思维，开阔思路，突破思维定式的束缚，在后期采用聚合思维，从众多的想法中选择最优的解决方法。两种思维中间宜采用延迟判断的技巧，即不要马上下结论，从而将两种思维方式分开来，达到最佳的效果。

(2) 逆向思维法。在我们的思维中，一般是按照时间、事物与认识发展的自然进程进行思考的，逆向思维正好相反，它从事物的反向进行非常规思维，这种思维方式常能出奇制胜，取得突破性解决问题的方法。它的特点是：一是逆向性，需要从与正向思维对立、相反、颠倒的方向和角度思考问题；二是求异性，即需要用一种批判、怀疑的眼光看待一切事物，方法与结果同常规形成强烈、巨大的反差；三是失败率高，逆向思维是一个全新的角度，在使用过程中会伴有较多的失败，但一旦成功就有颠覆性的意义和价值。

逆向思维在创新中发挥着什么样的作用呢？在哪些时候可以采用逆向思维呢？首先是性质颠倒，如果在某个困扰性的问题上采用逆向思维，便有可能获得关于这个问题新的认识或者解决方法。其次是作用颠倒，可以就事物的某种作用从相反的方向去想，就很有可能得到新的设想，这是在逆向思维中比较普遍的。最后是过程颠倒，在事物发展的过程中从相反的方向去思考，看是否可以把过程完全颠倒，可能会有不一样的结果。

二、师古但不泥古

人们常说“师古但不泥古”。“师古”是指以前人为师，学

习前人优秀的东西，来提高自己现有的水平；“泥古”是指拘泥于前人的陈规，而不加以变通，死板地照搬，不能活用。显然，只懂得“师古”不懂得变通和创新的传承，是很危险的，技艺会越传越死板，越传越僵化，最终会让技艺失传甚至消亡。因此，传承工匠精神，“师古”是必需的。向古人学，向前人学，向一切掌握了技术和工艺的人学，都是传承技艺的重要途径。但这种学不是墨守成规，不是因循守旧、依葫芦画瓢，而是懂得创新，敢于突破，这样才能真正让技艺既传承又发展，使技艺代代延续，世代相传，并不断发展和进化。

学习并且创新，技艺就会得到不断地突破和发扬，这就是创新的力量。美国心智发展专家约翰·钱斐曾经说过：“创新能力是一种强大的生命力，它能给你的生活注入活力，赋予你生活的意义。创新能力是你命运转变的唯一希望。”当今社会，不可否认，谁掌握了创新能力，谁就掌握了成就事业的主动权。

然而，在工作中，很多人并不愿意开动脑筋，寻找新的解决方法。这主要是由于他们已经习惯于常规的思考方法，在遇到同类的问题时，采用常规的思考方法就可以省去很多摸索和试探的步骤，可以少走弯路，从而缩短思考时间、节省精力，还可以提高成功率。殊不知，当人的思维固定在同一个模式当中时，就无法发挥其主观能动性，就永远不会有创新。再者，世界万事万物都处于变化之中，如果一直照原来的方法去处理问题，都难以逃脱失败的命运。

但是，想要师古而不泥古，创新而不流俗，首先必须要把前人的精华学到手。一定要以“师古”为前提，不师古就根本没资格谈“不泥古”，你从来就没有把前人的东西学到手，却大谈不泥古，你是不具备这样的资格的。无论想进行所谓的创新，必须以前人为基础，想创新可以，但要想凭空创新，创造出与别人都不一样的东西，这是不可能的。“不师古”就很难谈“不泥古”，就做不到创新，办不到不流俗。在现在的工作中也是如此，师古是必需的，但一定不能泥古，要懂得创新，敢于突破，才是真正的传承，才能真正把技艺发扬光大。

【经典案例】

追求创新，随时代不断自我进化

时代在进步发展，人们对技术和服务的要求也不断提升。这就需要农民工也不断提升自己，开发更多的技能创新和创意。

在四川省第六届农民工技能大赛获奖的农民工中，获得家政服务项目三等奖的唐绿宜是从业时间最短的一个。22岁的她为参赛而临时学习家政服务，并用自己的创意赢得了评委的肯定。

“我刚毕业没多久，听说有这个比赛就抱着学习的态度去参赛。”唐绿宜说，因为出生在横山镇石牌坊村的一个农民家庭，她从小就要帮着家里做家务，这也练就了她一双巧手。大学时期她还是班里的生活指导员。为了学习优质规范的家政常识，她这才报名参赛。

缺乏家政服务经验的唐绿宜，在训练时也是用尽了“洪荒之力”。“不仅学习凉拌三丝、摆盘、衣物整理等基本功，还要学习插花、茶艺以及家庭急救等知识。”那段时间，唐绿宜家里的熨斗都没凉过，家人还陪着她吃了好长一段时间的凉拌三丝。

“靠这些基本功是没有获奖的可能，现在家政服务也不缺这些基本技能，要有新的创意才行。”唐绿宜依照这个思路，在凉拌三丝中尝试各种不同的味道，把插花和茶艺调整为不同年龄人士都喜欢的主题，揣摩亲子活动快乐教育的规律，让年轻活跃的创意思维在家政服务行业里绽放不一样的光彩。

三、用创新创造开拓生命新航道

中国现在提倡大众创业，万众创新，但是创业还是基础，只有以匠人的精神做好最基础的事，创新才是可能的。其实，创新并不是高不可攀的事，每个人都有某种创新的能力。但大多数人都有一种惰性，没有创新精神，压根没有去想创新的事。他们一切都按固定的模式去做，结果做来做去，平平庸庸，没有丝毫改变和进步。

在日常生活中，每个人都是投石问路者，或难或易、或明或暗、或悲或喜，仿佛不停地挣扎在一个个“陷阱”之中。因此，有效的创新会点亮人生火花，成为实现梦想的手段。谁有创新思维，谁就会成为赢家；谁要拒绝创新，谁就会平庸！这就是说，一个有着思考创新习惯的人，绝对拥有闪亮的人生！

创新不是标新立异，也不是矫揉造作，而是在继承传统好做法、好经验基础上的一种创造。所以，创新必须把握一个“度”，把握好哪些可以创新，哪些必须守住传统，三思而后行，才能真正使创新有意义。盲目和随意的改变，不仅带不来创新，还会丢失了传统，是不可行的。对工匠如此，对手艺如此，对员工如此，对工作更是如此。

在工作中，有的人常常恪守成规，按照前人的做法或盲目跟从别人去做一些事情，没有独立的思考，更没有改变或者创新的想法，一心只想盲目地效仿，根本不去思考适不适合自己，还有没有更好的做法，这样做是对工作不利的。

能够创新的并不只是拥有专业技术的人，因为当今可创新的方面非常广泛，如思维创新、技术创新、科学创新、商业创新、模式创新、体制创新等。创新并不用刻意到其他领域寻找，做好手中的工作便能获得灵感，让你获得新想法，助你完成新设计。

【经典案例】

农民发明家的“工匠精神”

王开荣，“酒泉工匠”获得者，首届提名陇原工匠人选之一，现任金塔县金农机械制造有限公司总经理。从简单的“摆耧”到复杂的大型农机，从家庭小作坊到农机制造公司……27年里，王开荣凭借着满腔热情，潜心钻研农业机械，并积极申请了多项国家专利，他研发的30余种农机产品，远销新疆、西藏、青海、内蒙古、陕西、河北等省区。

热衷机械的“发明家”

“我小学都没毕业，但就是喜欢瞎琢磨。”王开荣告诉记者，他是金塔县金塔镇中杰村农民，从小就跟土地打交道。“20世纪90年代初，家里的20多亩地，全靠人工种植，特别费劲，那时候我就在想如果能以机械代替人工种植多好”。

1990年，一次偶然的机会，王开荣在天水看到农民用播种机播种，当即买回了一台使用。使用后他发现，由于金塔的耕地土质硬、杂草多，买回来的播种机并不适用，他便想到自己改造加工一种实用的播种机。

1993年，王开荣以3 000元作为起步资金在自家院里办起了农具厂，开始了他的第一台农机具的设计制造。一台电焊机、一台砂轮机，靠着这些土设备，凭着一股韧劲，他经过无数次的试验，研制出了适合本地生产要求的多功能小型畜力播种机，这台播种机研制后，基本解决了当地农民播种小麦的问题。

“一个种地的，能生产出来个啥能用的东西。”王开荣说，当时工厂办在自家院里，生产出来的农机没有地方摆放，就摆在门外的马路边，村民们看见后有称赞的，更多的是嘲讽。

令他没想到的是，当年加工生产的30台多功能播种机，投放到市场后很快便销售一空，还有一位酒泉的客户找上门订货。那一年，王开荣迈出了自主研制、规模生产农机具的第一步。

创新铸就美好未来

1997年8月，王开荣研制的“金农牌”多功能小型畜力播种机获得了国家专利。自此，“王摆耧”成为金塔城乡家喻户晓的名人，许多经销商慕名前来向他订货，产品供不应求。

生意越做越好，日子越过越红火，王开荣并没有因此而满足。对于小学都没有毕业的他而言，文化程度很低，但他用自己的一套学习方法在不断探索。每年开春，王开荣就开上自己的小货车，走田间地头，串农家庭院，寻找研发灵感。不仅如此，他还走出金塔，远赴内蒙古、河北、山东、河南、陕西、青海、新疆等省区，考察市场，借鉴经验。每到一处，只要看到有机械耕作，他都要停下脚步，征询农民对农机具的建议，观察机器的运行状态，琢磨机械制造工艺，然后默默记在心里，悄悄用自己才能看懂的图样符号画在小本子上，自己琢磨不懂的就前往大专院校向农机制造方面的专家请教。

有了外出掌握的大量信息，王开荣便琢磨着如何结合本地实际，把先进的农机制造技术变为农民手中灵便的机具。一旦琢磨成熟，他就立刻动手制作，家中的14亩（15亩=1公顷。全书同）承包地成了他的试验场，每当研制出新的农机，他都先在自家地里使用，感觉方便、实用，才会生产投放市场。

2005年，金塔的农民种地兴起铺地膜，王开荣发现，所有人都是用铲子在地膜上铲一个洞，点上种子再用脚踩好，既费时又费力。回家后，他便研制出了多功能穴播机，原来人工种植一天用10个人才能播种1亩地，利用农机耕种地膜地，1人1天就能播种10亩地。

2002年，王开荣注册成立了金塔县金农机械制造有限公司。在此后的日子里，王开荣又研制成功了种植机械、整地机械、农作物收获后处理机械等三大系列40多个品种。他设计的农业机械不仅结构简单、操作方便、携运灵活、价格低廉，而且具有节能、高效的特点，备受市场青睐，产品开始走出县域，远销新疆、西藏、青海、内蒙古、陕西、河北等省区。

“发明家”变身企业家

“如果只是靠销售机器赚钱，公司能赚得盆满钵满，但不能永葆活力。”王开荣说，他已经60多岁了，却从来没有放弃创新，公司每年都会研发新机具，只有不懈努力，研制更多更优质更实用的产品，公司才能有永久的生命力。

2016年，王开荣又研制出了新型秸秆还田机、枸杞施肥机、开沟铺膜机、起垄开沟铺膜机等产品，并申报10项专利。

辛勤耕耘换来硕果累累。有专家评估，王开荣近年来研制开发的农机新产品，仅从政府组织生产推广的数量上计算，11 000台农机具可为农民节省工日30万个左右，节省农业生产费用1 200万元以上。至2016年，王开荣的金农机械制造公司已研发出50多个品种的农机具，全年生产农机具突破5 000台，发展成为一家融设计、制造农机具为一体的农业机械加工企业。

27年，王开荣不断研制开发出适合农业产业市场需求的多功能新型农业机械，以别具匠心的创新意识和精益求精的工作态度，诠释着“工匠精神”。

第四章　职业素养概述

第一节　职业素养的内涵

一、如何理解素养

在《现代汉语词典》里，“素养”一词被解释为平日的修养，是形容一个人的行为道德的词语，是指一个人在从事某项工作时应具备的素质与修养以及在品德、知识、才能和体格等诸方面的先天条件和后天学习与锻炼的综合结果。“素”的本义之一是“向来”“时常”，如“素不相识”“素来已久”，这里所说的“素”就是指日常、平时。“养”可解释为教养，人的一种逐步形成的文化本质和精神状态、理念和人生态度上的特征。素养主要是强调人们在后天的生活中的修习，通过在学习过程中所形成的涵养的特性。

二、如何理解职业素养

职业素养是人类在社会活动中需要遵守的行为规范。个体行为的总合构成了自身的职业素养，职业素养是内涵，个体行为是外在表象。职业素养的核心内容包括职业信念、职业知识技能和职业行为习惯3个方面。

1. 职业信念

“职业信念”是职业素养的核心。良好的职业素养应该包含良好的职业道德、正面积极的职业心态和正确的职业价值观意识，是一个成功职业人必须具备的核心素养。良好的职业信念应该是由爱岗、敬业、忠诚、奉献、正面、乐观、用心、开放、合作及始终如一等这些关键词组成。

2. 职业知识技能

“职业知识技能”是做好一个职业应该具备的专业知识和能力。俗话说“三百六十行，行行出状元”没有过硬的专业知识，没有精湛的职业技能，就无法把一件事情做好，更不可能成为“状元”了。所以，要把一件事情做好，就必须坚持不断地关注行业的发展动态及未来的趋势走向；就要有良好的沟通协调能力，懂得上传下达，左右协调从而做到事半功倍；就要有高效的执行力。各个职业有各职业的知识技能，每个行业有每个行业的知识技能。总之学习提升职业知识技能是为了让我们把事情做得更好。

3. 职业行为习惯

“职业行为习惯”，职业素养就是在职场上通过长时间地学习、改变、形成等过程，最后变成习惯的一种职场综合素质。

心念可以调整，技能可以提升。要让正确的心念、良好的技能发挥作用就需要不断地练习，直到成为习惯。

【经典案例】

快乐的车夫

快乐的哥臧勤，10年前40多岁的他开始在上海大众出租车公司工作，自称是一名“快乐的车夫”。他享受工作带来的美和快乐。他说，有些司机会抱怨交通拥堵、油价上涨，但他想的是，外在环境是不能改变的，最好的办法就是改变自己。因此，他遇到红灯的时候，就把心态放松，“放一粒五香豆到嘴里，看看街景，有时感觉就像自己在开私家车兜风”。

他说，自己要做一名很快乐、有思想、有素质的司机。他始终认为：一个人的文化修养、素质、职业水准所能达到的程度和收入是成正比的，运气只能“锦上添花”，而不能“雪中送炭”。平时他会学习很多东西，包括利用去汽修厂时，汽车修理工也是他的师傅。他十分注意收听电台广播，特别留心市内举办的商业交易会等活动，“靠资讯引领生意”。他所在车队的负责人表示，“他是在用脑子开车的驾驶员”。

臧勤在工作中会用管理思维去思考问题，他认为：车开得好，认识路线，只是一个初级。中级是用规划来控制行车的路线，要算好有多少红绿灯，要停多长时间，要算好距离，不能跑空车，这就需要我们用战略眼光去发展客户，用停车路线和位置来控制工作量。而最高的境界是改变他的行车路线，最大限度地为乘客着想，也同时缩短自己的行车时间，这就是工作中的双赢。

臧勤成为月赚 8 000 元的上海市出租车司机，他无疑是一位标准的“卓有成效的管理者”。第一，正确评估自己，做好行业定位。第二，准确的客户定位能够创造出最大收益。第三，精确的成本核算成就精确管理。第四，臧勤懂得通过服务与创新来提升价值。第五，臧勤还十分懂得“靠资讯引领生意”。

第二节　职业素养的特征

一、职业性

不同的职业，职业素养是不同的。对建筑工人的素养要求，不同于对教师职业的素养要求；对商业服务人员的素养要求，不同于对医生职业的素养要求。

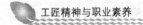

二、稳定性

一个人的职业素养是在长期执业时间中日积月累形成的。它一旦形成，便产生相对的稳定性。例如，一位教师，经过3~5年的教学生涯，就逐渐形成了怎样备课、怎样讲课、怎样热爱自己的学生、怎样为人师表等一系列教师职业素养，于是，便保持相对的稳定。当然，随着他继续学习、工作和受环境的影响，这种素养还可继续提高。

三、内在性

职业从业人员在长期的职业活动中，经过自己学习、认识和亲身体验，觉得怎样做是对的，怎样做是不对的。这样，有意识地内化、积淀和升华的这一心理品质，就是职业素养的内在性。我们常说，“把这件事交给小张师傅去做，有把握，请放心。”人们之所以放心他，就是因为他的内在素养好。

四、整体性

一个从业人员的职业素养是和他整个素养有关的。我们说某某同志职业素养好，不仅指他的思想政治素养、职业道德素养好，而且还包括他的科学文化素养、专业技能素养好，甚至还包括身体心理素养好。一个从业人员，虽然思想道德素养好，但科学文化素养、专业技能素养差，就不能说这个人整体素养好。相反，一个从业人员科学文化素养、专业技能素养都不错，但思想道德素养比较差，我们也不能说这个人整体素养好。所以，职业素养一个很重要的特点就是整体性。

五、发展性

一个人的素养是学校教育、自身社会实践和社会影响逐步形成的，它具有相对性和稳定性。但是，随着社会发展对人们不断提出的要求，人们为了更好地适应、满足、促进社会的发展的需要，总是不断地提高自己的素养，所以，素养具有发展性。

第五章　职业道德

第一节　职业道德及其特征

一、职业道德的内涵

职业是人们在社会生活中认识的具有专业技能和特定职责的，并作为生活来源的社会活动。它产生于社会生产分工，并随着社会经济和科学技术的发展而变化。职业活动是人类社会生产发展的最基本的实践活动，它不仅维持着日常生活的正常进行，而且还推动着社会各种活动不断发展。

由于职业利益和个人利益的不同，由于道德标准的差异，人们在职业活动中心理行为就存在着差异。例如，有人诚信经营，有人以劣充优；有人坑蒙拐骗，有人老少无欺。

为了维护社会正常的生活秩序，除了依靠行政法规外，还必须针对职业特点制定相应的行为准则来规范人们的职业活动。

职业道德是从业者在职业活动中应遵守的行为规范和准则，涵盖了从业人员与服务对象、职业与职工、职业与职业的关系。

职业道德包括两个方面的含义：一方面它是对从业者在职业活动中的具体要求，它明确告诉从业者在工作中应该怎样做才符合职业要求，也就是说职业道德是职业范围的行为准则。这种行为准则是职业内部各种活动能否顺利进行的保证。另一方面职业道德又是本行业及其员工对社会和他人应尽的一种责任与义务。

它明确告诉从业者在工作中应该如何正确处理自己与他人和社会之间的关系，应该怎样正确履行职责。

二、职业道德的特征

职业道德是道德在职业领域中的具体化，它与一般道德有联系又有区别，其特征主要表现在4个方面。

1. 职业上的规范性

每种职业根据自己的性质对象等要求形成具有本职业特征的职业道德，为了从业者的各种行为都规范在职业范围内，这种规范性的作用不仅可以培养员工良好的职业素质，而且可以形成职业内部文明的职业风尚，职业道德规范程度越高，企业内部的管理就越好。

2. 行动上的指导性

职业道德虽然是职业活动在人们头脑中的反映，是一种意识和观念。但是，这种意识和观念必然通过人们的言行表现出来。任何一种职业道德都是从职业活动的需要出发，把观念具体化的结果，形成工作守则或规章制度，所以，具有可操作性，即行动上的指导性。

3. 行业的广泛性

职业道德因为是根据职业的内容对象和方式不同，承担的责任义务不同的特点形成的。所以，职业道德具体内容因职业不同而多种多样，如教师职业道德、会计职业道德等。

4. 传承的持续性

职业活动和从业人员随着某种因素的影响具有可变性，然而，职业道德却具有相对稳定性。因为，只要某种职业在社会生活存在，它就会不断继承和发扬自身的职业道德。

第二节　职业道德基本规范

职业道德基本规范的主要内容包括爱岗敬业，诚实守信，办事公道，服务群众，奉献社会。每一个社会职业人都应严格按照规范约束自己的言行，处理好各种职业关系，用正确的职业行为诠释职业道德的要求，以良好的职业素质和强烈的社会责任感武装自己，就能在平凡岗位上做出不凡的成绩。

一、爱岗敬业

爱岗敬业作为最基本的职业道德规范，是对人们工作态度的一种普遍要求。

爱岗敬业，即从业者热爱自己的本职工作，以正确的态度对待自己的岗位工作，在职业活动中尽职尽责、兢兢业业、忠于职守。它是我国社会主义职业道德的一条基本规范，是对各行各业从业者职业道德的一种普遍要求。其基本要求是：具有强烈的事业心和责任感，忠实履行岗位职责，以主人翁的劳动态度认真做好本职工作；反对玩忽职守的渎职行为，克服鄙视体力劳动和服务性职业的社会偏见；树立社会主义职业的平等观、平凡职业的荣誉观，尊重平凡岗位的劳动，刻苦学习专业知识，不断提高岗位技能。

很多人往往无法改变自己的工作岗位，但可以改变其对所从事职业岗位的情感和态度，形成优良的职业道德品质，从而发挥自己的才能，促进事业的成功，拥有一个辉煌的人生。

二、诚实守信

诚实守信，即从业者在履行岗位职责的过程中诚实劳动、讲求信誉。诚实劳动，即从业者在职业活动中以诚实的态度对待自

己的劳动和工作。讲求信誉，即从业者在职业活动中做到实事求是、诚实守信，对工作精益求精，注重产品质量和服务质量，从人民的利益出发，忠诚地履行自己承担的职责。诚实守信的基本要求是：实事求是、言行一致，诚实劳动、信守承诺。

在一个成熟的社会里，没有诚信，企业和个人就难以生存与发展。有了诚信度，企业和个人才能确立良好的信誉，赢得大众的信任，建立良好的发展环境，取得各方面的支持和帮助。所以，良好的诚信度是一个人在这个文明社会的通行证。

三、办事公道

办事公道，即从业者在处理职业关系、从事职业活动的过程中，公平公正、公私分明。所谓公道，即平等公道地对待所有的服务对象，尊重每个人的合法权利；在职业活动中站在公众的立场上，对每个工作对象和服务对象都做到公平合理，按同一标准办事，出于公心、秉公执法、一视同仁。办事公道的基本要求是：办事客观公正、待人诚恳公平；遵纪守法、坚持原则；廉洁奉公、不徇私情；严格按规章制度办事，遵守职业制度和职业纪律。

四、服务群众

服务群众，即从业者不管从事何种职业，身处什么岗位或地位，都要为广大人民群众竭诚服务。其基本要求是：从业者在从事职业活动时文明服务，谈吐文雅、举止大方、礼貌待人，对人民极端热忱；自觉抵制不正之风，服务热情周到，讲究服务质量。

五、奉献社会

奉献社会，即从业者要把自己的全部智慧和力量投入为社会、集体、他人的服务之中。其基本要求是：正确认识、对待和处理从业者自身利益和社会利益的关系、经济效益和社会效益的关系，把行为动机和效果统一起来，自觉地为社会做贡献。

爱岗敬业、诚实守信、办事公道、服务群众、奉献社会是各行各业对从业者职业道德行为的普遍要求。其中，爱岗敬业、诚实守信是对从业者职业道德的基础性和基本要求，任何从业者达不到这两项要求，都很难履行好岗位职责，并求得自身的生存与发展。

第三节　职业道德养成

一、在日常生活中培养

职业道德行为最大的特点是自觉性，载体是日常生活习惯，有意识地坚持良好习惯，就会成为一种自然（自觉）的行为。在日常学习生活中要坚持从小事做起，严格遵守行为规范；从我做起，自觉养成良好习惯。

二、在专业学习中训练

训练是指有计划、有步骤地使之具有某种特长或技能，在专业学习中训练职业道德行为要增强职业意识，遵守职业规范；重视技能训练，提高职业素养。职业技能是一个从业者最基本的职业素养，它标志着一个从业者的能力因素是否能胜任工作。

三、在社会实践中体验

职业道德行为的养成离不开社会实践，在社会实践中体验职业道德行为的方法有：参加社会实践，培养职业情感；学做结合，知行统一。我们要坚持学、做结合，以正确的职业道德观念

指导自己的实践。

四、在自我修养中提高

自我修养是指个人在日常的学习、生活和各种实践中，按照职业道德的基本原则和规范，在职业道德品质方面的“自我锻炼”“自我改造”和“自我提高”。“修”是指陶冶、锻炼、学习和提高；“养”是指培育、滋养和熏陶；“提高”意为使水平、质量等方面比原来高。

提高自我修养的方法如下。

（1）体验生活，经常进行“内省”。严于解剖自己，善于认识自己，客观看待自己，勇于正视自己的缺点。敢于自我批评，自我检讨。要有决心改进自己的缺点，在实践中完善自己的职业道德品质。

（2）学习榜样，努力做到“慎独”。慎独是指独自一个人在没有外界监督的情况下，也能自觉遵守道德规范，不做对国家、对社会、对他人不道德的事情。

“慎独”和“自省”相联系。有自省的功夫，才能达到慎独的境界。慎独也是自省的内容之一。自省、内省、自讼、自反，都是指自我解剖，自我检查，自觉地改正缺点错误。

五、在职业活动中强化

职业活动是检验一个人职业道德品质高低的试金石，在职业活动中强化职业道德行为要做到如下方面。

1. 将职业道德知识内化为信念

内化是指把学到的职业道德知识、规范变成个人内心坚定的职业道德信念，即对职业道德理想与职业道德原则和对自己履行的职业责任与义务的真诚信奉；“内化”是结晶、是动力、是精神支柱；“内化”才有坚定性和持久性。

2. 将职业道德信念外化为行为

外化是指把内心形成的职业道德情感、意志和信念变成个人自觉的职业道德行为，指导自己的职业活动实践。要做一个言行一致、表里如一的有职业道德的人。

第六章　职业意识

职业意识是人脑对职业的反映，是人们对职业劳动的认识、评价、情感和态度等心理成分的综合反映，是支配和调控全部职业行为和职业活动的调节器，它包括岗位责任意识、团队合作意识、主动高效意识三方面。

第一节　岗位责任意识

一、责任面前没有借口

平凡的岗位同样需要认真负责的意识。主动承担责任还是选择推卸责任，就是你职业素养和人生态度的体现。承担责任是一个人成熟的标志。要将责任根植于心，让它成为我们脑海中的一种强烈意识，在日常行为和工作中，这种责任意识就是竭尽全力做好自己要做的事情。主动或自动承担责任是成功者必备的素质。大多数情况下，即使你没有被正式告知要对某事负责，你也应该努力做好它。如果你能表现出胜任某种工作，那么责任和报酬就会接踵而至。

我们在日常生活中，经常会听到这样的话："路上堵车了，耽误了上课时间""我感冒了，所以没有参加社团活动""这件事与我没有丝毫关系""都是他们的错"……。

研究发现，人们找借口主要有两种情况：第一种情况，工作还没有开始，就找借口为自己开脱，其实是根本"不想去做"；

第二种情况，开始也努力，但是一遇到困难问题就退缩和放弃，之后找个借口让自己对这份退缩和放弃心安理得。

责任是不可推卸的。世界上最愚蠢的事情就是推卸眼前的责任，认为等到以后准备好了，条件成熟了，没有风险了，没有麻烦困难了再去承担才好。要知道，你将工作推给别人时，实际上也是将自己的信心与成功转移给了他人。一个对工作不负责任的人，往往是一个缺乏自信的人，也是一个无法体验成功带来的荣誉与快乐的人。

无论是在学习还是在生活中，我们都难免出现一些失误或者犯一些错误，关键是此时此刻，我们将如何对待。世界上没有什么事情是所有条件都具备了才让你去做的。工作需要的是“有条件要上，没有条件创造条件也要上”解决问题的高手。因此，你遇到困难与问题时，寻找借口就是把属于自己的过失掩饰掉，把应该自己承担的责任转嫁给社会或他人。有责任意识是对自己负责，对集体和社会负责，有强烈的责任意识更能够成就自己的事业。

试想一下，你自己是否已经尽了全力；你是否克服了不利条件而坚持到底；你是否寻找到最为便捷的方法等。如果你失败了就好好反省一下，不要找借口，那不仅没有任何意义，反而会使你离成功越来越远。

任何工作首先要求的就是认真负责的态度，找借口就是一种逃避责任的表现。错了就错了，勇敢承担起来，从自身找原因，提醒自己下次不要再犯。如果你总是为失败找借口，那你永远都不会成功。成功属于那些善于找方法的人，而不是善于找借口的人。

二、责任意识无处不在

这个世界上，没有不需要承担责任的工作。相反，你的职位

越高，权力越大，你肩负的责任就越重。在生活中也是同样，随着年龄的增长，你就要开始对你的父母妻儿承担责任义务。林肯说："每一个人都应该有这样的信心，人所负责的，我也能负；人所不能负责的，我还能负。唯有如此，你才能够磨炼自己，求得更高的知识，进而进入最高境界。"责任意识是个体对角色职责的自我意识及自觉程度的显现，它包括人们的行为必须对他人和社会负责，人们对自己的行为必须承担相应的责任。那么作为当代青年来说，肩负着国家民族兴衰的重任，我们应该具有怎样的时代责任意识呢？

1. 自我责任

人首先是作为个体而存在的，一个对自己不负责任的人是根本无力承担其他责任的。自我责任即对自己，其基本要求是珍惜生命，并且追求有价值的生命，可概括为"自爱、自尊、自律、自强"。

2. 家庭责任

家庭是社会的细胞，对家庭负责是社会稳定和发展的基本前提。对个人而言，家庭是不可或缺的"情感之园"，作为家庭一分子，应当在能力范围之内承担起对家庭的责任。

3. 他人责任

个人能够在社会上生存，是因为他人的存在，人与人之间的这种相互信赖，决定了人与人之间必须相互承担责任，每个人的生存都依赖于他人，是他人对其负责的结果。因此，人生价值内容的本身，就包含着对他人承担一定的责任。

4. 职业责任

职业是我们每个人生命中极为重要的一环，它既是生存的必需，又是人生价值借以实现的主要舞台。一般而言，我们对社会的贡献是与我们对待本职工作的态度紧密相连的，干一行、爱一行、专一行、守纪律、勤钻研、出成绩，是敬业奉献所要求的，也是尽责的表现。

5. 集体责任

集体是由一定的利益关系、权利和义务关系以及一定的组织系统联系起来的人的各种社会有机体。每个人都生活在一个或大或小的集体中，一个具有强烈集体责任感的人，不仅会密切关注集体的发展，而且会以主人翁的姿态积极投入到集体的生活中去。

6. 社会责任

社会责任是一个人对祖国、对民族、对人类的繁荣和进步，对他人的生存和发展所承担的职责和使命。在现实社会中，“忠诚祖国，振兴中华，服务人民，奉献社会”是个体承担对社会责任的客观表现。

三、岗位责任意识的养成

岗位不同，工作内容和性质也因此不同，但都需要具有责任意识，这是做好工作的前提和保证。具体表现为乐业、精业、勤业、敬业。

1. 乐业

做到在其位，干其事，干好事。乐业就是对自己所从事的岗位忠诚热爱，爱企业，爱岗位，爱工作，把心思用在工作上，把精力谋在事业上，把自己的聪明才智用在加快工作发展上。要经常问一问自己“现在正在干什么、下一步打算怎么干”，要经常反思自己“是否尽到了职责、是否问心无愧”。乐业的人知足常乐，不以物喜，不以己悲，保持一颗平常心，把个人名利看得很淡；乐业的人知责律己，不敷衍，不塞责，保持一颗进取心，将责任植根于内心，干工作始终精神饱满，无怨无悔。

2. 精业

做到钻技术，精业务，会管理。精业就是对自己所从事的工

作精益求精，精一门，会两手，学三招。精业就要不满足于已有的成绩，见贤思齐，高标准，严要求，不断把自己培养成行家里手。精业就要刻苦学习，拓宽视野，增长才干，提高技能，不断把自己培养成人才。唯有精业，才能提高工作效率，增强发展质量，提升个人核心竞争力，实现自身又快又好的发展。

3. 勤业

做到出满勤，干满点，满负荷。勤业就是对自己所从事的职业倾情奉献，不计名，不计利，不虑失。就要干满一分钟，尽责六十秒，不投机取巧，不懒散懈怠。就要具备高尚的职业操守，埋头苦干，任劳任怨，默默奉献。就要坚定信仰，始终如一，以高昂的热情全身心投入工作中，勤奋耕耘，不问收获。勤劳是一笔精神财富，勤奋是通向成功的彩桥。要比别人出色，就得勤业；要比别人卓越，除了勤业外也别无选择。

4. 敬业

敬业是一个道德的范畴，是一个人对自己所从事的工作负责的态度。敬业就是人们在某集体的工作中，严格遵守职业道德的工作态度。凡做一件事，便忠于一件事，将全副精力集中到这件事上，一点不旁骛，便是敬。很多同学也许会认为，我将来的工作都是普通的岗位，有什么可敬的呢？其实，是工作都可敬，要专心致志地做好，无论是当总统或者当民工都可敬。具有敬业心的人不需要强制，不需要责难，更不需要监督。他们将本职工作内化为自身需要，把职业的责任升华为博大的爱心，在平凡中创造着奇迹。

岗位责任意识的养成，就是形成对自己、对他人、对家庭、对国家、对社会，乃至对全人类的责任态度。这是保证我们顺利走上社会、实现人生价值的重要条件，对即将踏入社会的人来说具有重要的意义。

第二节 团队合作意识

一、群体与团队

任何聚集在一起的人，都可以称为群体。作为群体，互相之间是平等的，只是因为某种原因为某一事情、某一目的而集合在一起的一群人。其特点是：只是一起做某件事，信任度、公开度有限，只在别人需要时才向其提供信息，目标个人化、不明确。例如，旅游团、观看球赛的人群、在同一单位工作的一群人、在一个教室里上课的学员、在同一个医院上班的医疗人员、医院里候诊室里的病人等。一个团队，大家具有共同的目标，但相互之间有分工有合作。在合作中人们相互信任、相互支持、相互合作、信息共享、分享想法，例如，龙舟队、篮球队等。

群体，在英文中为 group；团队，在英文中为 team。团队和群体经常容易被混为一谈，但它们之间有根本性的区别。

(1) 定义的区别。团队是一种为了实现某种目标而由相互协作的个体组成的正式群体。群体是两个或两个以上相互作用、相互依赖的个体，为了实现某一特定目标而组成的集合体。

(2) 群体的作用是中性的（有时消极），而团队的作用往往是积极的。

(3) 群体责任个体化，而团队的责任既有个体的，更强调共同的。

(4) 群体中信息分散，团队强调信息共享。

(5) 群体的技能是随机的，或同质，或不同，而团队的技能是互补的。

(6) 群体强调个人绩效，团队则强调集体绩效。

要成为“团队”必须要有以下几个条件。

①具有共同的愿望与目标；

②和谐、相互依赖的关系；

③具有共同的规范与方法。

同样的旅游团，有团队意识的导游可以将所带的旅游团建立成为团队，让这个松散“群体”的每个人，都把自己当做一个紧密合作的“团队”成员，在实现同一个旅游大目标的前提下，每个人的旅游心情（小目标）也得到满足。例如，到某个景点，有些人想多照相，多看看，有些人觉得无聊，想快点走，这是愿望与目标不同，如何在事前根据各景点的特点进行介绍，主动协调好不同类别游客对这样景点的关注度与停留时间。又如，上车以后的位置安排，通过事先确定好合理轮换的方法，平衡大家的心态，使得大家可以在不同的位置享受一路不同的观景的同时，方便照顾好家人等。对出现的一些意外，通过导游的意识的组织管理而化解，获得游客的理解与支持。

所以，团队建设的功夫，不仅用于正式的工作场所，在多种情况下，如果能善用这项功夫，也能解决问题与纷争，促进合作与关系，增进效率与达成共同的目标。同样，如果将团队误解成群体，则成为形式的团队并没有产生团队的效果。

二、不要成为“独行侠”

我们小时候常常会说这样的儿歌：1 只蚂蚁来搬米，力气太小搬不起；2 只蚂蚁来搬米，哼哧哼哧直喘气；3 只蚂蚁来搬米，搬到一半就休息；一群蚂蚁来搬米，轻轻松松回家去。

同样，我们也听过3个和尚的故事：一个和尚挑水喝，两个和尚抬水喝，三个和尚没水喝，最后不仅水也喝不上，连寺庙都烧掉了。上面这两种说法有截然不同的结果。“三个和尚”是一个团体，可是他们没水喝是因为互相推诿、不讲协作；“蚂蚁来搬米”之所以能“轻轻松松回家去”，正是团结协作的结果。从这两个事例中，我们得到什么启示呢？团结协作是一切事业成功的基础，个人和集体只有依靠团结的力量，才能把个人的愿望和团队的目标结合起来，超越个体的局限，发挥集体的协作作用，产生 1+1>2 的效果。我们在同一个学校、同一个班级学习生活，每个人的工作都有相对的独立性，又都与全局相关联。如果一个人只顾自己，不顾他人，不肯与他人协作，势必会影响整个班级乃至学校的战斗力和整体形象。人们常说：立足本行如下棋，输赢系于每个棋子。“一招不慎，满盘皆输”，如果整个棋局都输了，再有力量的棋子也没有什么用了。

在《西游记》中，唐僧是“完美型选手”，孙悟空是“技术型（力量型）选手”，猪八戒是“活泼型（生活型）选手”，沙和尚是“和平型（平静型）选手”。他们有共同的价值目标——取经，从措施上讲他们个人各有所长，其中的任何一个人都不会独自取经成功，他们只有相互协作，才能共同取得真经。楚汉相争的项羽，“力拔山兮气盖世”，但驱赶谋士，最终失败还怨天尤人，认为是天意难违，就是过分强调自己而忽略了团队的集体智慧。因此，任何一个想脱离集体而取得成功是不可能的。

每个人都有自己的优点，同时，也有着自身的不足，虽说勤能补拙，然而，要求每个人都做到这一点不是那么容易的事情。在一个团队里，每个人都能够充分发挥自己的优势的话，那么，这个团队将是无比强大的。因为团结就是力量，这力量是铁，这力量是钢！

小溪只能泛起小小的浪花，大海才能迸发出惊涛骇浪。个人之于团队，正如小溪之于大海。其实团队的重要性，在于个人、团体力量的体现，每个人都要将自己融入集体，才能充分发挥个人的作用。团队精神的核心就是协同合作。团队精神对任何一个组织来讲都是不可缺少的精髓，否则，就如同一盘散沙。一根筷子容易弯，十根筷子折不断……这就是团队精神重要性的直观表

现，这也是团队精神重要之所在。俗话说“三个臭皮匠，赛过诸葛亮”，表达的也是这样一个意思。

团队精神具有的力量无处不在，一个家庭、一个企业、一个组织、一个国家……每件事情，无论大小，都需要大家齐心协力，发挥出自己的特长，把自己的那份工作做好。一个企业，如能让所有员工上下一心，那么，这个企业一定能够在某一领域独占鳌头，并且不断做大做强。可见，团队精神之于个人、之于集体都是多么重要。团队合作往往能激发出团体不可思议的潜力，集体协作干出的成果往往能超过成员个人业绩的总和。正所谓“同心山成玉，协力土变金”。一个团体，如果组织涣散，人心浮动，人人自行其是，甚至搞“窝里斗”，何来生机与活力？干事创业又从何谈起？在一个缺乏凝聚力的环境里，个人再有雄心壮志，再有聪明才智，也不可能得到充分发挥！只有懂得团结协作，才能克服重重困难，甚至创造奇迹。

【典型案例】

狼的协同作战

在所有的动物之中，狼是将团队精神发挥得淋漓尽致的动物。狼团队在捕获猎物时非常强调团结和协作，因为狼同其他动物相比，实在没有什么特别的个体优势，在生存、竞争、发展的动物世界里，它们懂得了团队的重要性，久而久之，狼群也就演化成了“打群架”的高手。

狼者，群动之族。攻击目标既定，群狼起而攻之。头狼号令之前，群狼各就其位，欲动而先静，欲行而先止，且各司其职，嚎声起伏而互为呼应，默契配合，有序而不乱。头狼昂首一呼，则主攻者奋勇向前，佯攻者避实就虚，助攻者蠢蠢欲动，后备者厉声而嚎以壮其威……。

在狼成功捕猎过程的众多因素中，严密有序的集体组织和高效的团队协作是其中最明显和最重要的因素。这种特征使得他们在捕杀猎物时总能无往不胜。狼群总是协同作战，正是因为如此，虽单打独斗狼不敌虎、狮、豹，但狼群可以杀死它们。在内蒙古草原上所有的猛兽都被狼驱逐出草原，任何动物遇到狼群都相当害怕，为什么？因为狼靠的是协同作战，所以，其他动物都不敢招惹狼。

三、个人因团队而更加强大

一滴水只有融进大海，才会有不竭的生命。一只大雁只有飞入雁阵，才会有成功的迁徙。一只狼只有加入狼群，才会有猎杀虎豹的良机。一只非洲黑刺大腭蚁只有卷入数以亿计的蚁群，才可以疯狂地吞食一切可食之物。一只身长在3~30厘米的珊瑚虫以特异的群生方式保护自己，与其他珊瑚虫钙质共同体，连接成绵延1 000多千米，甚至从月球都可以看得到清晰的澳大利亚大堡礁！

这就是个体成为团队的一部分而创造的奇迹！这就是个体和团队相互发力而引发的神奇！团队和个人的关系就好像鱼和水的关系，鱼离不开水。同样，个体的发展也离不开团队，一个人想要取得成功，需要有良好的团队意识。

在金庸先生的《射雕英雄传》中，全真派的7个道士武功平常，但是7人排出了天罡北斗阵形，也就产生了可以比拟绝顶大侠的威力。这就是团队带给个人的正向影响，使人尽可用，各扬其长，产生的效果自然可观。

大河有水小河满，大河无水小河干。一个人的力量总是有限的，每个人的成功都离不开集体的支持和他人的配合。可以说，如果大家没有团队意识，人人都打自己的算盘，那么就无法使单位成为一个快速运转的体系。团队没有了更好的发展，个人更谈不到提高和收获。

1. 团队的个人才智发挥为个人的发展提供了舞台

团队创造团队业绩，团队业绩来自哪里？从根本上说，首先来自团队个人的成果，其次来自集体成果。一句话，团队所依赖的是个人的共同贡献而得到的实实在在的集体成果。这里恰恰不要求团队成员都牺牲自我去完成一件事情，而是要求团队成员都发挥自我去做好这一件事情。可以说团队为个人的发展提供了充分的舞台和展示的空间。团队目标的实现需要个人才智的发挥。作为团队的组成部分，每个成员都肩负着自己的责任，尽管岗位不同、职责不同，但作用不可或缺。只有每个人都充分发挥自己的主观能动性，完成好分内工作，整个团队才能不断前进。当然，做好自己的本职，完成这些任务并非一帆风顺，这期间会遇到许多意想不到的困难。如果此时团队成员都只是被动地服从指令或因循守旧，而不发挥自身才智，主动寻求突破，那么这个团队将无法迅速作出应变，摆脱困境。团队要想前进，离不开每个个体的努力。只有每个成员都不断发挥自身潜能，全身心地投入自己的智慧和努力，才能推动整个团队目标的实现。

2. 团队的协同合作为个人的发展提供了帮助

团队的一大特色：团队成员在才能上是互补的，共同完成目标任务的保证在于发挥每个人的特长，并注重程序，使之产生协同效应。“尺有所短，寸有所长”，在工作中任何人都会遇到困难，而帮助你克服困难的多是你的同事和队友，团队为个人的发展提供了强大的人力资源。“一个人像一块砖砌在大礼堂的墙里，是谁也动不得的，但是，丢在路上，是要被人一脚踢开的。”团队意识在我们的日常工作和学习当中至关重要，只有坚持把团队的利益放在第一位，充分听取、理解团队中其他成员的意见及建议，根据每一个人的岗位分工不同，尽量发挥每一个人的优势，才能更好地开展工作。唯有这样，才能有利于发挥每个人最强的力量。同时，每个人也可以用别人的长处来弥补自己的短处，取长补短，配合作战，才能更有利于任务的完成，更能体现自己的价值。没有完美的个人，只有完美的团队。就像我们常说的管理界中的木桶定律：一只木桶盛水的多少，并不取决于桶壁上最长的那块木板，而恰恰取决于桶壁上最短的那块木板。要想提高水桶的整体容量，不是去加长最长的那块木板，而是要下功夫依次补齐最短的木板。因此，我们在学习和生活乃至工作中，必须牢固树立团队意识，互相帮助、互相支持，通过合理的分工和有效的规则，共同进步，共同完成工作任务，通过团队的成功实现自己的人生价值。

3. 团队的凝聚力为个人的发展提供了保障

全体成员的向心力、凝聚力是从松散的个人集合走向团队最重要的标志。向心力、凝聚力来自团队成员自觉的内心动力，来自共识的价值观，来自对团队的心理认同。很难想象在没有展示自我机会的团队里能形成真正的向心力；同样也很难想象，在没有明了的协作意愿和协作方式下能形成真正的凝聚力。所以，凝聚力：一是来自成员对团队的感情，只有每位成员都热爱这个团队，才能形成团队的凝聚力；二是目标要一致，只有大家都有一个共同的目标，才能形成向心力和凝聚力；三是要有一个坚强有力的团队，要有合理严格的制度进行规范的管理。要想实现以上这些条件，团队建立初期就需要有一个好的领头人。这个领头人既要有较强的组织能力，而且还要有团结、引导各位成员的工作方法，使团队形成较强的凝聚力并将之固定，以期在团队中形成一种精神，这种精神我们通常比喻为“魂”，即该团队的精神。由此可见，团队为个人发展提供了物质和精神保障，是个人发展的坚强后盾。

四、从“我”到“我们”

当今世界错综复杂，即使是完成一件最简单的事也离不开和

其他人的合作，除此之外，你别无选择。你所能选择的只是怎样和别人合作，是真诚谨慎还是漫不经心，是使用有效的方式还是无效的方式。

小成功靠个人，大成功靠团队。只有打造一只高敬业度、高责任心、高工作绩效的优秀团队，团队中的每个人都积极主动、爱企如家，时刻保持旺盛的工作状态，团队才可能充满凝聚力，富有执行力，加速成功的步伐。所以，我们要意识到个人能力和团队意识的有机结合，在一个团队内部必须形成合力，才有可能取得更大的胜利。也许大多数人都更愿意站在自己的立场想事做事，但若能超越眼前局限，以“我们”大于“我”的心态出发，改变观察的角度，就会更容易为“我们”创造价值，做到成功可持续。这样，你也可以成为品牌人物。

无论是“一个人的智慧永远比不上一群人的智慧”的传播理念还是“三个臭皮匠，赛过诸葛亮”的经典谚语，都不可否认地传达了一个意思：那就是“我们”的力量永远胜过“我”的智慧。

第三节　主动高效意识

一、主动自发地工作

同样的工作，在不同的员工眼里被赋予了不同的内容，同样也就赋予了工作以不同的价值。普通员工是企业的基石。作为一名职业化员工，主动意识将使你拥有改变世界的力量，将获得工作所给予的更多奖赏。

缺乏主动，工作将没有成效。一些人，对于自己的职业目标和方向，大多茫茫然，他们每天上班下班，到了固定日子领回自己的薪水，高兴一番或抱怨一番之后，仍然茫茫然地上班下班……他们从不思考什么是工作？工作是为什么？可以想象，这样的人，他们只会被动地应付工作，为工作而工作，他们不可能在工作中投入自己的全部热情与智慧。他们只是机械地完成任务，而不去创造性、自动自发地工作。当我们的工作依然被无意识所支配的时候，很难说我们对工作的热情、智慧、信仰、创造力被最大限度地激发出来，也难说我们的工作是卓有成效的，我们只不过是在“过日子”“混日子”。

主动，创造我们自己。在有责任意识的工作中，我们将会充分发挥自己的潜能和创造力。我们不能把命运交给别人安排，我们不能消极地等待机遇的降临。凡事都要主动思考，主动争取，那样我们才会有收获。在主动工作中，我们可以不断弥补自己的不足。渐渐地你会发现，虽然你不是名牌大学生，虽然你不是海归派，但是你照样可以非常优秀！只要主动，就能创造你工作的奇迹。

公司也是一个系统，一个活的系统，所以最重要的工作是让系统中每一个零件和谐运转。钢铁大王卡内基说：“无论在什么地方工作，都不要把自己只当做公司的一名员工，而应该把自己当成公司的主人。事业生涯除了你自己以外，全天下没有人可以掌控。这是你自己的事业，你天天都在和成千上万人竞争。不断提升自己的价值，提升自己的竞争优势以及学习新知识和适应环境，并且能从转换工作以及工作中学习得到新事物。只有这样，才能不会成为失业统计数据里的一分子。而且要记住，从星期一开始就要启动这样的程序。”

主动自发地工作，才会有前途。这样的员工个人的价值和自尊心是发自内心的，而不是来自他人。因为他们确信在自己的职责范围内，自己就是负责任的老板。他们不是凭一时的冲动做事，也不是单纯为了老板称赞，而是主动自发地不断追求工作的完美。同样，他们也将获得回报。

二、高效时间管理

1. 明确目标

在人生的旅途上，没有目标就好像走在黑漆漆的路上，不知往何处去。美国的一份统计结果显示，一个人退休后，特别是那些独居老人，假若生活没有任何目标，每天只是刻板地吃饭和睡觉，虽然生活无忧，但他们后来的寿命一般不会超过 7 年。

虽说目标能够刺激我们奋勇向上，但是对许多人来说，拟定目标实在不是一件容易的事，原因是我们每天忙在日常工作上就已透不过气，哪来时间好好想想自己的将来。但这正是问题的症结，就是因为没有目标，每天才弄得没头没脑、蓬头垢面，这只是一个恶性循环罢了。

另外，有些人没有目标，则是因为他们不敢接受改变，与其说安于现状，不如说是没有勇气面对新环境可能带来的挫折与挑战，这些人最终只会是一事无成。

事实上，随波逐流，缺乏目标的人，永远没有淋漓尽致地发挥自己的潜能。因此，我们一定要做一个目标明确的人，生活才有意义。然而不幸的是，多数人对自己的愿望，仅有一点模糊的概念，而只有少数人会贯彻这模糊的概念。许多人在公司 5 年，却没有 5 年的经验。

有目标才有结果，目标能够激发我们的潜能。我们究竟如何选择或是制定正确的目标呢？在选择或制定目标时应考虑 2 个方面：一是目标要符合自己的价值观；二是要了解自己目前的状况。

一个目标应该具备以下 5 个特征才可以说是完整的。具体的（specific）、可衡量的（measurable）、可达到的（attainable）、相关的（relevant）、基于时间的（time-based）、这 5 个特征被称作 SMART 原则。

（1）具体的。有人说："我将来要做一个伟大的人"。这就是一个不具体的目标。目标一定要是具体的，如你想把英文学好，那么你就定一个目标：每天一定要背10个单词、1篇文章。

有人曾经做过一个试验，把人分成两组，让他们去跳高。两组人的个子差不多，先是一起跳过了1米。他对第一组说："你们能够跳过1.2米。"他对第二组说："你们能够跳得更高。"经过练习后，让他们分别去跳，由于第一组有具体的目标，结果第一组每个人都跳过1.2米，而第二组的人因为没有具体目标，所以，他们中大多数人只跳过了1米，少数人跳过了1.2米。这就是有与没有具体目标的差别所在。

（2）可衡量的。任何一个目标都应有可以用来衡量目标完成情况的标准，你的目标越明确，就能提供给你越多的指引。例如，你要盖一栋房子，先要在心里有个底。房子要多大，是几层楼？需要多少卧室？要木头砌还是钢筋水泥的？要多少平方？有了这些明确的标准，你才有可能顺利地盖好你的房子。

（3）可达到的。不能达到的目标只能说是幻想，太轻易达到的目标又没有挑战性。多年前在美国进行了一项成就动机的试验。15个人被邀请参加一项套圈的游戏。在房间的一边钉上一根木棒，给每个人几个绳圈套到木棒上，离木棒的距离可以自己选择。

站得太近的人很容易就把绳圈套在木棒上，觉得这个活动没意思，于是很快就放弃了；有的人站得太远，老是套不进去，也很快就泄气了。但有少数人站的距离恰到好处，不但使游戏具有挑战性，还有成就感。试验者解释这些人有高度的成就动机，他们通常不断地设定具有挑战性但做得到的目标。

（4）相关的。目标的制定应考虑和自己的生活、工作有一定的相关性，例如，一个公司的职员，整天考虑的不是怎样才能做好工作，却一心做着明星梦，又不肯努力奋斗，在一天一天消

耗中丧失学习、工作的能力，不思进取，不努力提高工作业务能力，最终被公司抛弃、被社会遗弃。

（5）基于时间的。任何一个目标的设定都应该考虑时间的限定，例如，“我一定要拿到律师证书”，这个目标应该很明确了，只是不知是在1年内完成，还是10年后才完成。

2. 有计划、有组织地进行工作

所谓有计划、有组织地进行工作，就是把目标正确地分解成工作计划，通过采取适当的步骤和方法，最终达成有效的结果。通常会体现在以下5个方面。

（1）将有联系的工作进行分类整理。

（2）整理好各类事务，按流程或轻重缓急加以排列。

（3）按排列顺序进行处理。

（4）为制订上述方案需要安排一个考虑的时间。

（5）由于工作能够有计划地进行，自然也就能够看到这些工作应该按什么次序进行以及哪些是可以同时进行的工作。

有了计划，就必须有行动。行动是一件了不起的事，请大家记住：切实实行你的计划和创意，以便发挥它的价值，不管主意有多好，除非真正身体力行，否则，永远没有收获；实行时心理要平静，估计困难、做好准备、及时调整。

【拓展阅读】

时间管理常见问题

时间管理不好的通常存在以下几个问题。

1. 目标不明确

当我们在面对学习、工作或者生活时，缺乏明确的目标，导致我们总是忙忙碌碌，不知所措，很难围绕一个中心进行展开。“我不知道将来做什么，也不知道现在学什么才是今后能用上的，纠结啊！”这是许多大学生学习的真实写照。建议大家在设立目标时可以计划看得见的未来，例如，大学4年期间你的目标是什么。

2. 拖延

实际上，我们很多人都或多或少存在拖延的问题。我们经常会遇到这种情况，从网上下载了很多资料、影片，却从来没看过；买了一堆又一堆的书，可实际上这些书被我们放在书架上以后就再也没拿下来过，以致灰尘满满。尽管如此，我们仍会不断地下载资料、购买书籍，并且日复一日乐此不疲。很多事情总是被我们一拖再拖，时间就在拖延中蹉跎了。如果你想成为时间的主人，就必须将拖延从你的生活中驱除掉，设定完成工作的时间，尽快去做。

3. 干扰因素多

我们通常会在一个时间段同时处理多件事情，对于某些人来说，这确实能提高效率，但对于大部分人来讲，一心多用会让我们到最后完成的少，本来应该完成的事情却耽误了。因此，建议大家在一个时间段只做一件事情，这样有助于你更高效地完成工作。在你做这一件事情时，要有一个安静的环境，不要被其他零碎的小事打断当前的工作。例如，你可以整理一下办公桌，避免因为乱糟糟的环境影响你的办事效率。同时，其他零碎的小事，可以集中起来，一起完成。

4. 不会说“NO”

给自己设置底线和限定，要有自己的原则，对不合时宜、无关紧要的事要敢于拒绝。很多人会因为不好意思拒绝而去做一些浪费时间的事情。倘若勉强接纳他人的请求无疑会干扰你的工作，学会说“NO”是保障自己工作、学习实践的有效手段。

5. 做事情缺少优先顺序

生活中有很多行动派，他们不拖延时间，遇到事情会立

刻行动，但通常情况是手忙脚乱，效率不高，造成时间浪费，原因就在于对于事情不分轻重，一概以发生的时间顺序去做，缺乏合理有效的安排。不懂得区分工作的优先顺序是时间管理的隐性杀手。

三、分清工作的轻重缓急

处理事情优先次序的判断依据是事情的“重要程度”。所谓“重要程度”，指对实现目标的贡献大小。但我们也不应全面否定按事情“缓急程度”办事的习惯，只是需要强调的是在考虑行事的先后顺序时，应先考虑事情的“轻重”，再考虑事情的“缓急”，也就是我们通常采用的“第二象限组织法”。

我们以下面的时间管理的方法来探讨“急事”与“要事”的关系，将事情纳入4个象限。

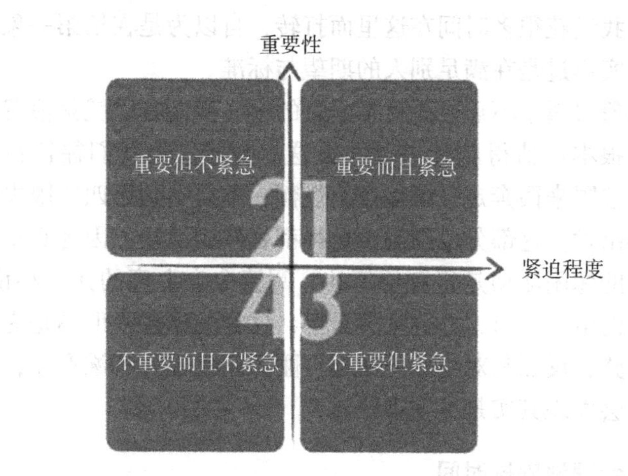

第一象限是重要而且紧急的事。诸如应付难缠的客户、准时完成工作、住院开刀，等等。这是考验我们的经验、判断力的时刻。如果荒废了，我们很可能变成行尸走肉。但我们也不能忘记，很多重要的事都是因为一拖再拖或事前准备不足，而变成迫在眉睫。

第二象限是重要但不紧急的事。主要是与生活品质有关，包括长期的规划、问题的发掘与预防、参加培训、向上级提出问题处理的建议，等等。荒废这个领域将使第一象限日益扩大，使我们陷入更大的压力，在危机中疲于应付。反之，多投入一些时间在这个领域有利于提高实践能力，缩小第一象限的范围。做好事先的规划、准备与预防措施，很多急事将无从产生。这个领域的事情不会对我们造成催促力量，所以必须主动去做，这是发挥个人领导力的领域。

第三象限是不重要但紧急的事。表面看似第一象限内的事项，因为迫切的呼声会让我们产生“这件事很重要”的错觉。实际上就算重要也是对别人而言。电话、会议、突来访客都属于这一类。我们花很多时间在这里面打转，自以为是在忙第一象限的事，其实不过是在满足别人的期望与标准。

第四象限属于不重要而且不紧急的事。简而言之就是浪费生命，所以根本不值得花半点时间在这个象限。但我们往往在第一、第三象限来回奔走，忙得焦头烂额，不得不到第四象限去疗养一番再出发。这部分范围倒不见得都是休闲活动，因为真正有创造意义的休闲活动是很有价值的。阅读令人上瘾的无聊小说、毫无内容的电视节目、办公室聊天等，这样的休息不但不是为了走更长的路，反而是对身心的毁损，刚开始时也许有滋有味，到后来你就会发现其实是很空虚的。

四、合理地安排时间

按事情的“重要程度”编排行事优先次序的准则是建立在“重要的少数与琐碎的多数”原理的基础上。例如，80%的销售额是来自20%的顾客；80%的电话是来自20%的朋友；80%的总

产量来自20%的产品；80%的财富集中在20%的人手中。

80/20原理对我们的一个重要启示便是避免将时间花在琐碎的多数问题上，因为就算你花了80%的时间，你也只能取得20%的成效。所以，你应该将时间花于重要的少数问题上，因为掌握了这些重要的少数问题，你只需花20%的时间，即可取得80%的成效。

掌握重点可以让你的工作计划不偏差。一旦一项工作计划成为危机时，犯错的概率就会增加。我们很容易陷在日常琐碎的事情处理中，但是有效进行时间管理的人，总是确保最关键的20%的活动具有最高的优先级。

【典型案例】

利用零碎时间

张宁是一名自由撰稿人，工作比较自由，在对她进行采访的时候，她说道："我可以自主地安排我的时间。这有它的好处，但也有坏处——时间常常在不知不觉中就悄然过去了，所以，还是要学会合理地安排时间。"

杨博平是某集团公司的首席执行官，他对零散时间的运用就很有研究。"我经常出差，一般我要带一定数量的书和资料上飞机，如果是长期出差的话，我就把书邮寄到要去的目的地。至于带多少书，那主要根据以往的经验来决定"。"在我上班的时候，其实我还是比较喜欢坐公共汽车，在车上，我一般都带2~3种书。如果有座位的话，还可以写点需要的东西，要是比较挤，我就会扶着扶手看些小册子，而且是比较轻松的。有时候在开会的时候，甚至是股东大会，当讲的事项无须我全神贯注时，我经常是不声不响地打开手提电脑来回复邮件。"

著名数学家苏步青在古稀之年，身兼数职的他却连续出了几本有影响的新作。当人们问他哪儿来那么多时间时，他说:“我用的是零头布,做衣服有整料固然好,但是零料拼接得好,照样能做出漂亮的衣服。时间也一样,把零星时间用起来,只要一天二三十分钟,加起来也可观。”

就如同我们做衣服一样,我们在为一件事情安排时间时,通常会有若干零碎的时间被挤下来,作为下脚料被浪费掉。如果我们能够把这些零碎时间充分利用起来,未必不能做成一件或若干件大事情。

第七章　职业习惯

第一节　良好习惯

一、习惯决定命运

习惯经过强化、反复的动作，由细线变成粗线，由粗线变成绳索，再由绳索变成链子，最后，定型成了无法改变的行为与个性。

人类的天性使得人类每时每刻都在无意识中培养习惯，由于我们都受习惯潜移默化的影响，都要臣服于习惯之下，因此，我们需要仔细琢磨自己平时正在培养何种习惯。因为习惯可能为我们效力，也可能扯我们的后腿，成为“朽木不可雕也”。

诸如，懒散、看电视剧、酗酒的习惯以及其他各种各样的习惯，有时会控制、占据我们大部分的时间，而这些不良的习惯占用的时间越多，留给自己真正利用的时间则越少。所谓“烦恼易断，习气难改”，习惯如同寄生在我们身上的病毒，慢慢吞噬着我们的精力与生命。

许多人常说“忙得透不过气来”“根本没有时间”，都是这些习惯造成的恶果。还有些已经被习惯所束缚成为习惯奴隶的人，不管碰到什么事情，总想都把它们嵌进习惯的条条框框之中，如此一来，怎么能够想出出奇制胜的思路，又如何能够产生新鲜独特的想法呢？此时的习惯犹如寄生在我们大脑里的肿瘤，阻止我们去思考、判断与创新。

如果万事都具有习惯性，慢慢地就会丧失探索与寻求更好方法的欲望，这时习惯就成了惰性的别名。所以，习惯有时很可怕。习惯对人类的影响，远远超过大多数人对它的理解，人类95%的行为是通过习惯反映出来的。

不良的习惯小到影响个人的卫生、形象，大到影响自己的健康、婚姻、为人处世等，可以说是涉及面极广，影响度极深。其中，良好的习惯如同一朵朵花，或含蓄、或张扬地在我们的人生旅途中不停地绽放着。可见，习惯无时无刻不在左右着我们的生活。

一种行为，多次重复之后就能进入人们的潜意识之中，并渐渐成为习惯性的动作。一个人的知识储备、才能增长、极限突破等，无一不是行为往返、重复，最后成为习惯性动作的结果。

【经典案例】

牛经理的处事习惯

牛经理曾经是某公司的高层经理人，负责北方大区的运作，职位已经很高了，但总感觉到似乎有块“玻璃天花板”，使自己的才能没有充分发挥，很苦恼。正好有个机会结识了民营企业家徐先生，经过多次接触交流之后，被重金聘为销售经理。

但刚上任3个月，销售代表小彭被客户投诉贪污返利。公司财务部去查，果真如此，返利单据上面还有牛经理的亲笔签名。这件事，惹得总经理大为恼火，于是他亲自到销售部质问此事。

“我不知道你是怎么当经理的，”徐总对牛经理说，“你手下的销售代表，竟然胆敢贪污客户的返利，这么长时间了，你居然不知道？要等到客户投诉到我这里才知道，唉，也不知道你是怎么做管理的。”

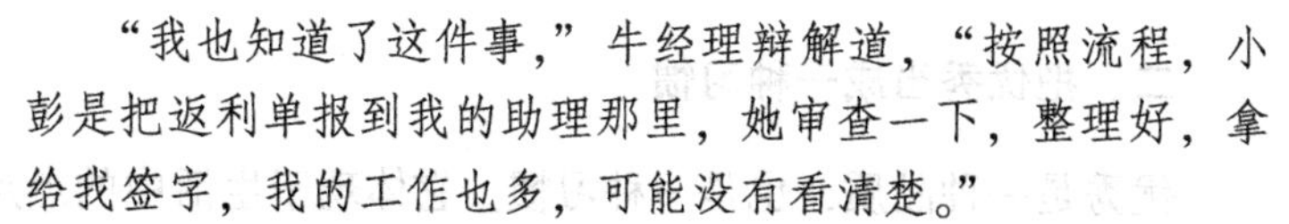

“我也知道了这件事，”牛经理辩解道，“按照流程，小彭是把返利单报到我的助理那里，她审查一下，整理好，拿给我签字，我的工作也多，可能没有看清楚。”

“是没有看清楚那么简单吗？你的工作难道比我还多吗？”徐总怀疑地看着牛经理。

牛经理无奈地说道：“我工作确实很忙，同时，也有些疏忽，回头我会和助理商量改进工作流程，并要求公司处理她。”

“处理助理能补回公司的损失吗？这件事应该负全责的是你！”徐总对于牛经理这种模糊的态度很气愤。

“是这样的，”牛经理继续辩解道，“徐总，你也知道我刚来，销售部很多关系还没有理顺。我们都知道，这个助理很能干，在工作上是一把好手。但她和我的关系，我感觉总存在问题，没有理得很顺，甚至有时我要顺着她的意思来签署一些文件。毕竟我是新来的，要有适应的阶段，我保证今后这样的事情一定不会发生了，你再给我一次机会吧。”

“本来我过来，是来了解一下事情的原因，并不是要处理你的，”徐总说道，“不过现在得考虑一下你的能力问题了。”

我们看到牛经理出了事情的第一反应就是辩解，然后就是不断地辩解，推卸责任，显然不是标准的职业化行为，也是职业化不过关的表现。

在人们的日常活动中，有90%的行为都是在原来的动作上不断重复，仅在潜意识中转化为程序化的惯性。这些行为不用思考，自动运作。这种自动运作的力量，就是习惯的力量。可见，习惯的力量是巨大的。习惯一旦养成，就会成为支配人生的一种力量，就会主宰人的一生。

二、把优秀当成一种习惯

优秀是一种品质，也是一种习惯。它体现于生活中的点点滴滴，如上班时的全神贯注，下班时的争分夺秒和对待工作的细致认真。

懒散的人习惯了懒散，哪怕仅仅是于己有益的眼保健操也会觉得是负担而找借口逃避；优秀的人习惯于优秀，因为他们不能容忍平庸和敷衍。当失业的痛苦已渐渐远去，未来还很遥远时，“优秀”就成了一种难得的坚持，这时的优秀完全是出于对自己未来的负责。而当拖沓和懒惰成为习惯时，失败也就必然向你走近了。

【经典案例】

力争尽善尽美的查理·斯瓦布

查理·斯瓦布小时候生活在宾夕法尼亚的山村里，因环境的贫苦只受过短短几年教育。从15岁起便孤身一人在宾夕法尼亚的一个山村里赶马车谋求生路。两年后，他在卡内基钢铁公司谋得一份工作，每周只有2.5美元的报酬，在这期间他完成每项工作都力争尽善尽美，做到最好。

功夫不负有心人，没多久他就成了卡内基钢铁公司的一名工人，日薪1美元。做了没多久，他就升任技师，接着升任总工程师。过了5年，他便兼任卡内基钢铁公司的总经理。当他还是钢铁公司一名微不足道的工人时，就暗暗下定决心：“总有一天我要做到高层管理，我一定要作出成绩来给老板看，让他来提升我。我不去计较薪水，我要拼命工作，做到最好，使我的工作价值远远超过我的薪水。”他每获得一个位置，总以同事中最优秀者作为目标，他从未像一般人那样想入非非。那些人常常不愿使自己受规则的约束，常常对公司的待遇感到不满，做白日梦等待机会从天而降。

斯瓦布深知一个人只要有远大的志向和目标，并为之努力奋斗，尽力做到最好，就一定可以实现梦想。在工作中他充满乐观和自信，从不妄想一步登天，不管做什么事都竭尽全力，他的每一次升迁都是与多年的奋斗努力分不开的。他由弱而强的成功秘诀是：每得到一个位置时，从不把月薪的多少放在心里，他最关注的是把新的位置和过去的比较一番，把事情做到更好，看看是否有更大的前途，并让优秀成为一种习惯。正因为如此，39 岁时，查理·斯瓦布一跃升为钢铁公司的总经理。

很多人因为目标不明确而最终碌碌无为，其实，当你从事某一职业时，首先应该想到，你是在为自己工作而不是为别人，既然是为自己工作，那么你的理想都可以通过工作来实现，你要争取做到同事中的最好，这样你才有可能去接近并实现你的理想。基于这种想法，为自己确定一个目标，全身心投入，提高工作的效率，使自己成为一名优秀的员工。

事情不管大小，不管别人做得如何，你都应使出全部精力做到尽善尽美，并逐渐以此来养成好习惯，否则，不如不做。当你养成了这种习惯时，你的成功也在一步一步接近。

养成优秀的习惯，不要再让那些偷懒、取巧、拖拉的坏习惯来阻碍你，要让自己的生活过得更有意义。

三、了解自己的习惯

“知己知彼，百战不殆”，一个人只有了解自己，知道自己办事的习惯，才能够客观地为人处世。在生活中，一个人只有通过不断地自我反省，进一步了解自己的习惯，做习惯的主人，才能立于不败之地。

自省就是反省自己，是自我拯救的第一步。一般来说，自省心强的人每时每刻都会仔细检视自己，跳出自己的身体之外，重新审视自己的行为举止是否为最佳选择。怀着一颗坦率无私的心去审视自己的人，都非常了解自己的优劣，而他们一般都很少犯错，因为他们懂得时时考虑，事事考虑。当人们常常漫不经心地做出许多危险而鲁莽的事情时，忙碌的幸运女神为了挽救他们闯下的大祸，一直毫无怨言不停地转动着命运的轮轴。遗憾的是，不管她如何努力，还是有许多人因为一时失误而丢了财产、名誉甚至是性命。一天，女神看到了一个在深井边上酣睡的孩子，脸上挂着满足的微笑。从旁边经过的人都为他忧心不止，因为如果他稍稍向井内翻身，他就有可能掉下井里淹死了。幸运女神正好发现了，于是轻轻转动手中的轮轴。孩子很快就从睡梦中醒来，吓了一大跳，说道："幸亏我醒得及时，要不然我的小命就没了。"幸运女神叹口气说："人啊！都是这样，幸运的事都忘不了自己的英明，要是自己粗心遭受了不幸，就会把责任都推到我身上。"

幸运女神的话一针见血。你是不是因为自己的目光短浅或利令智昏，而经常把自己的失误归罪于运气，致使你作出了无法挽回的事？很多人都喜欢找借口，年轻人更是如此，把失败的原因都归罪于客观条件。很长时间你一直没有为公司的发展提出合理的方案，也没有按进度完成任务，你可能会通过各种解释诸如阅历太浅、经验太少等来推卸自己的责任，或把责任推到他人身上，此时，你有没有想过自己的疏忽大意呢？

扪心自问，你是否也会存在上述故事中的那些心理，是否曾经有过为自己开脱的举动和想法？

因此，要想少犯或不犯错误，就需要不停地反省自己，培养自省意识，从而更深刻地了解自己的习惯，成为习惯的主人。如果你在生病期间，只会去抱怨老天的不公或诅咒将病传染给你的人，这些不仅对你没帮助，更重要的是于事无补。此时你唯一正确的做法就是检查自己的身体并医治它。时刻注意自己心灵上的

缺点和过失，不把错误归咎于别人或者命运，杜绝毛病的发展，以后再碰到危机你将会迎刃而解。

培养自省习惯，还要有自知之明。正确地认识自己，也并非容易之事，不然，古人怎么会有“人贵有自知之明”“好说己长便是短，自知己短便是长”之类的古训呢？自知之明，它既是一种高尚的品德，也是一种高深的智慧。当然，即便你养成了自省的习惯，也并不等于你把自己看得很清楚了。就如何评价自己来说，要是把自己估得过高，往往会因自大而看不到自己的短处；要是将自己估得过低，就会产生自卑心理从而对自己缺乏信心。唯有估准，才能称得上有自知之明。但是也有不少人恰好夹在这种既自大又自卑的矛盾状态中。一方面，自我感觉不错，无法看出自己的缺点；另一方面，则在应该展现自己的时候却畏缩不前。如果对自己的评价都如此之难，那么要反省自己的某一个观念、某一种理论，就难上加难了。

四、用毅力打造新习惯

一个人如果没有毅力，必将被生活中的种种挫折打败，甚至在还未开始之前，就已经被打败。有毅力，你才会赢。毅力，是人的一种心理忍耐能力，是一个人能否完成学习、工作、事业的持久力。当它与人的期望、目标相结合后，它会发挥令人惊叹的作用。所以，实现远大的理想需靠坚强的毅力。没有毅力，理想无法实现；没有理想，毅力无从产生，两者是相辅相成的。毅力在成功者中起着决定性作用，而缺乏毅力几乎是失败者共同的弱点。

很多人面对自己失败的时候不在自己的身上找原因，却一味地抱怨自己缺乏机遇，对着别人的成功望洋兴叹。也许你曾经或现在制订过计划，也暗暗下过决心要通过自己的努力来实现成功，但当你回忆自己过往的时候，是否多次都对自己说“这事明天做吧”，然后到了第二天却把自己的决心抛之脑后？成功不是靠口头说的，它靠的是行动，靠的是一个人自身坚定毅力的支撑。疯狂英语的创始人李阳，他在大学期间有十几门功课挂红灯。他自己都觉得这脸丢得实在是太大了，所以，暗下决心，在数九寒天狂喊英语 4 个月，终于过了英语四级，而且名列第二，他靠的是什么？他靠的就是毅力！在他成功后，他的梦想是让 3 亿中国人说一口流利的英语，他也做到了，为此他随身携带咽喉药，他的喉咙充血，但这都没有令他退缩，他靠的是什么？他靠的还是毅力！也许我们不会成功，但是我们没有毅力就永远不会成功！达·芬奇说：“顽强的毅力可以克服任何障碍。”而坚强不屈的人，在世界上仅占了极小部分。他们凭着坚韧的力量，将短暂的失败转化为最后的胜利。人生的道路上，很多人在失败中倒下就再也没有爬起来。这些人就是居里夫人所说的没有毅力，将一事无成的人。

毅力不等于蛮干，它要求工作善始善终；毅力不等于执拗，更不等于顽固。毅力是积极的意志品质，是人们通过理智的选择及时地总结经验和教训，从错误和失败中去寻找理性的行为，它能使失败变为成功，使小胜变为大胜。而顽固则是消极的意志品质，它的这种不实事求是、不考虑客观情况、不考虑完成任务的特性使得人们一意孤行，不听劝告，任何事都想当然，知错不改，最终走向失败。

毅力不是与生俱来的，它是人的一种习惯，而新习惯也不是一两天就能形成的，是通过人们的实践活动逐渐培养、发展起来的。只要有信心有毅力，任何事都没有办不到的。

现在，请拿出你的勇气，通过反省并真正了解你自己以及你的毅力。而所有想要实现自己梦想的人，都必须具备毅力这种精神品质。

用毅力打造新的习惯吧！当你能经得起挫折的考验，你便会

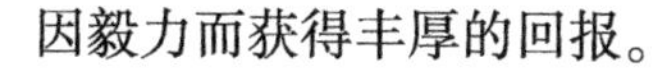

因毅力而获得丰厚的回报。

第二节　职业忠诚

一、职业忠诚的概念

"忠，敬也，从心。"是中正方直的道德心理，它外化为道德规范，即专心致志忠于某一信念理想和人物，尽心竭力地对待所从事的事业。"诚"是真实无妄的态度和言而有信、脚踏实地的行为。忠诚是每个员工应具备的基本的职业道德。作为公司员工，你必须忠于公司；作为老板的下属，你必须忠诚于老板；作为团队的成员，你必须忠诚于你的同事。

职业忠诚主要是对于自己所从事职业的认真负责态度及愿意为此献身的精神。其本质是一种对事业的献身精神和忠诚意识，是一种对事业执着追求的责任心和使命感，是一种良善的劳动态度和工作作风，一种精益求精的职业品质和刻苦钻研的精神。

二、职业忠诚的价值

每个人最值得别人留恋的，就是对别人的忠诚。你也许什么都没有，但你可以拥有忠诚，这将是你能为这个世界做的最大贡献。忠诚不仅仅是一种美德，更是一种做人境界。忠诚，让人铭记一份真情，让世界处处充满爱。

1. 忠诚是立身之本

忠诚是一个人在单位、在社会的美德。古人说："人无忠信，不可立于世""不信不立，不诚难行"。拥有忠诚的人，无论在什么情况下，都会受到人们的赞美；拥有忠诚的人，其人格会得到升华。如果不慎丢失了忠诚，那么这个人就可能品质低下。忠诚不仅是立身之本，事实上也是任何一个团队组织战斗力的保证。

2. 忠诚最大的受益者是自己

忠诚不是一种纯粹的付出，忠诚会有忠诚的回报。企业不仅仅是老板的，同时，也属于职员。

忠诚的确是国家的需要，老板的需要，企业的需要，你得依靠忠诚立足于社会。

你自己才是忠诚的最大受益人，忠诚的人会比不忠诚的人获取更多。虽然，你通过忠诚工作创造的价值不属于你个人，但你通过忠诚工作造就的忠诚品质，却完完全全属于你，你因此在人才市场上更具竞争力，你的名字因此更具含金量。

3. 忠诚是人的基本品格

忠诚是相互的。如果缺乏对别人的忠诚，就别指望得到别人对你的忠诚。而无论什么样的诱惑，既是忠诚最大的陷阱，也是对忠诚最大的考验。面对诱惑，有多少人经不住考验而丧失忠诚，昧着良知出卖了一切。其实，当他在出卖一切的时候，也出卖了自己。

【典型案例】

忠诚敬业的员工

北方的一个大城市有一家旅游公司生意不错，可是不知道是出于什么目的，在老板出差期间，有人竟然秘密地把公司大部分的客户资料出卖给了竞争对手。旅游旺季到来之时，这家旅行社以往的签约客户居然一个都没有来。旅行社顿时陷入空前的危机之中。

由于查不出究竟是谁干的，客户服务部的女经理只好引咎辞职，尽管她是无辜的。老板对公司发生这样的事也深表遗憾，但是他只能对员工们说一些安慰的话，他说：“我很遗憾公司出现了这样的事情，可是现在，公司的资金周转出现了困难，这个月的薪水暂时不能发给大家。你们中间有些

人想辞职，如果是在平时我会尽力挽留，可是这个时候如果大家想走，我会立刻批准，因为我已经没有挽留大家继续在这里工作的理由了”。

“老板，您放心，我们是不会走的，我们不能在这个时候离开公司，我们齐心协力一定会战胜困难。”其中一个员工说道。“是的，我们不会走的，我们不会在公司遇到困难的时候离开公司。”很多人都在说。员工们表现出来的敬业精神让在场的老板和每一个人都深受感动。他们决心团结一致、众志成城，与公司共渡难关。

后来的结果可想而知——这家旅行社没有倒闭，而且比以前做得更好。因为在危机来临时，有一批忠诚敬业的员工，依靠他们，公司走出困境，走向了辉煌。同时，那些在危难中留下来的员工也都得到了重用，他们与公司共患难，也与公司共同发展。而那些临危而去的员工却失去了发展自己的机会，他们以后的路或许会更漫长。老板说：“我要感谢我的员工，在我要放弃的时候，是他们的忠诚帮助公司战胜了困难，他们让我知道了什么是真正的资本，让我见识了什么是真正的忠诚敬业精神。”

作为一名公司职员，不要只看到眼前的利益，还要具备发展的眼光。任何一个公司的经营都存在着一定的风险，公司经营的一帆风顺对员工来讲当然是件好事，每个人都会努力地工作，可是当公司经营出现困难的时候，是不是还像以前那样努力工作呢？这个时候如果你能与公司同呼吸共命运，共同渡过难关，那么你一定是一个优秀的员工，当然你为公司所作出的努力也一定会得到回报。相反，那些“大难来临各自飞”者，是永远也不会有大发展的，他们对待别人是这样，当自己成为老板时，也不会有什么大出息。

三、忠诚与职业形象

1. 勇于承担责任

一个人要想成功，必须干出一些不同寻常的事情来。怎样才能干出不寻常的事情来，靠的是什么？就是你的责任感和忠诚。责任是忠诚的根基。尽职尽责，无论做什么事，它都会决定你日后事业上的成败。一个成功的经营者曾说："如果你能真正制好一枚别针，应该比你制造出粗陋的蒸汽机赚的钱更多。"世界上只有平凡的人，没有平凡的工作。做任何一项工作，重要的不是干什么，而在于怎么做。

2. 干一行，爱一行，成一行

一个员工，只要你手头上有工作，就要以虔诚的心态对待这份职业。即使你自命不凡，心中梦想的是更加美好的职业，但是对手中的职业，一定要以欢快和乐意的态度接受，以虔诚和认真的姿态完成。所以，不仅要"干一行，爱一行"，还要"爱一行，成一行"。只有干好你手头的工作，人生才有一个完美的结果，当一个人"干一行，爱一行，成一行"时，才会发挥出他自己最大的效率，而且也能更迅速、更容易地获得成功。

3. 高效执行命令

一个人对职业忠不忠诚、有没有责任心不是靠嘴巴喊出来的，而是通过行动体现出来的。忠诚于自己的职业，热爱自己职业的人，必定具有高效的执行力，快速、果断的决策，进而全身心地投入具体行动中去。

4. 保守行业机密

保守行业机密是身为员工的基本行为准则，是事业的需要。不注意保守秘密是一种极不负责的态度，势必会使公司在各个方面处于不利地位。所以，事关工作的机密，员工一定要处处以公司利益为重，处处严格要求自己，做到慎之又慎。否则，不经意

地一言一行就泄露了公司的商业秘密。

5. 常怀感恩之心

真正的感恩应该是真诚的、发自内心的感激，而不是为了某种目的，迎合他人而表现出的虚情假意。与阿谀奉承不同，感恩是自然地情感流露，是不求回报的。感恩并不仅对公司和上级有利，对个人来说，感恩可以丰富人生。

第三节　不断超越

在竞争激烈的社会中，任何倦怠与逃避都有可能使你丧失前进的动力，这样的消极行为日积月累，最终会导致你在职场上的失败。要想在工作上获得顺利、在事业上取得成功，必须绷紧一根弦，即勇于挑战，不断超越。

一、超越自我

超越自我是指不断为自己订立新的目标并为之奋斗，实现自我不断发展的过程。它是员工追求卓越的行为，是不断重新聚焦，不断自我增强、挖掘个人最大潜能的过程。那么，员工如何在工作中超越自我呢？

1. 建立自己的知识体系

员工从新手到高手的过程，是一个知识不断累积的过程，也是一个实践经验不断丰富的过程。通常，在知识、经验累积到一定程度后，员工要注意建立自己的知识体系，这是实现个人技能突破的重要一关。有了自己的知识体系，之后再遇到新的问题、新的碎片化知识时，就可以在自己的知识体系中迅速定位、分析、处理，从而促使个人技能发生质的飞跃，工作事半功倍。

2. 培养系统思考能力

系统思考是纵观全局，看清事件背后的结构及要素之间的互动关系并主动地“建构”和“解构”的思维能力。我们可以将系统思考看作一个类似“广角镜”的工具，它协助我们打破多年来形成的思维定式，了解整个事情的来龙去脉，降低我们因不了解系统而作出错误决定的比率。更重要的是，它是一种预防问题发生的手段。在工作中，对相同的现象，不同人有不同的反应，有人熟视无睹，有人却看到了其中隐藏的商机和变化的规律，原因就在于后者具有系统思考能力。

因此，员工要想实现自我超越，系统思考就是一门必不可少的课程。员工应通过收集多方面信息掌握事件的全貌，避免片面思考，看清事件的本质，明晰事件内部的因果关系，通过系统思考在纷繁复杂的事件背后“抽丝剥茧”出简单的结构，从而作出正确的决定。

3. 与变化同行

在今天这个时代，科技进步一日千里，员工个人要想实现不断的自我超越，必须与变化同行，紧盯相关领域最新的动态，及时作出反馈。

企业总是青睐那些与变化同行的员工，因为他们走在时代的前沿，且总能向企业提出建设性的意见和建议；而那些不懂得变化、固守成规的员工，则很难得到企业领导的赏识。

【经典案例】

爱迪生的不断超越

爱迪生发明了电灯，世人皆知。当时电灯的原理很简单，就是把一根通电后发光的材料放在真空的玻璃泡里。可是许多科学家并不满足于现状，而是进一步研究如何能让电灯更轻便、成本更低廉、照明时间更长，最主要的是如何能延长灯丝的寿命。

当时，爱迪生已经成了改进电话，发明留声机，创造不计其数小奇迹的著名“魔术师”，但声名显赫的他从来没有

满足过，在完成新项目、达成新目标的同时，继续着下一个目标。

在灯丝的研究中，他尝试用炭化的纸、玉米、棉线、木材、稻草、麻绳、胡子、头发等纤维和几种金属丝来做灯丝的材料，试验的材料达 2 000 多种。而此时，全世界的人都在等着他的电灯。

经过一年多的艰苦研究，他找到了能够持续发光 45 个小时的灯丝。在这 45 个小时中，他和他的助手们目不转睛地看着这盏灯，直到灯丝烧断。这一成果令世界科学家所羡慕，但他毫不满足："如果它能坚持 45 个小时，再过些日子我就要让它烧 100 个小时"。

有位记者对正在研究这一项目的爱迪生说："如果你真的让电灯取代了煤气灯，那可要发大财了。"爱迪生说："我的目的倒不在于赚钱，我只想跟别人争个先后，我已经让他们抢先开始研究了，现在我必须追上他们，我相信会的。"这番话完全是站在一个科学家的角度来解释这一研究行为的，他的人生宗旨就是超越自我、不断进取。

2 个月后，灯丝的寿命达到了 170 小时。《先驱报》整版报道他的成果，用尽溢美之词，"伟大发明家在电力照明方面的胜利""不用煤气，不出火焰，比油便宜，却光芒四射""15 个月的血汗"……新年前夕，爱迪生把 40 盏灯挂在从研究所到火车站的大街上，让它们同时发亮来迎接出站的旅客，其中，不知有多少人是专门赶来看这一奇迹的。这些只见过煤气灯的人，最惊讶的不是电灯能发亮，而是它们说亮就亮、说灭就灭，好像爱迪生在天空中对它们吹气似的。有个老头儿还说："看起来蛮漂亮的，可我就是死了也不明白这些烧红的发卡是怎么装到玻璃瓶子里去的。"大街上响彻这样的欢呼："爱迪生万岁！""大家称赞我的发明是一种伟大的成功，其实它还在研究中，只要它的寿命没有达到600小时，就不算成功。”爱迪生用低调的态度来回应大家对他的崇拜。

从此，爱迪生收到的祝贺信、电报和礼物源源不断，各种新闻铺天盖地。但他仍然默默地改进着灯丝，向着新的目标——600小时迈进。最终，他的样灯寿命达到了1 589小时。他的目标在不断地前进，他的人生在不断地升华，这就是一个世界著名科学家的人生追求。

二、超越他人

职场中，员工要想被领导看重，被同事肯定，必须创造相应的价值，而且这个价值要超过员工的平均值且为人所见。在实际工作中，每一名优秀员工的竞争力和价值都是靠他们自己去不断积累和丰富的。员工可以从以下几个方面着手提高自身的竞争力，从而超越他人。

1. 保持随时学习的心态和习惯

不管你是刚入职的基层员工还是已经身居高位，要想超越他人就必须保持一种“空杯”心态，始终谦逊，以虚怀若谷的态度向周边的人学习，培养一种爱学习、善于学习、快速学习的习惯，这样才可能长期保持竞争优势。

2. 建立相应的人际关系圈

员工要想超越他人，必须在持续进步的同时善于借助他人的力量。在工作中，员工要学会不断拓宽自己的人际关系圈，主动去认识更多优秀的人，而且这些人不限于本领域，而是各行各业、各个领域的人。

3. 主动参与一些大项目

在工作中，员工之间拉开差距的一个重要外缘就是“大项目”，参与这种项目虽然很苦很累，但只要参与，员工总能得到

相应的启发和锻炼，实现快速成长。员工要想超越他人，一旦碰到他人避之不及的大项目、难项目，要敢于迎头而上。

4. 开阔视野，敢于挑战

员工工作一段时间后，一旦进入工作胜任阶段，往往会形成固定的思维、行动模式，从此不再积极学习，进入职业的“怠惰”阶段。此时，员工要想超越他人，就要多走走、多看看，开阔自己的视野，敢于挑战，避免出现“坐井观天”的情况。

第八章　职业能力

第一节　执行力

一、什么是执行力

所谓执行力，就是把目标变成结果的行动。

执行力并不是大家所理解的能力问题，而是工作态度的表现。对于一个企业来说，其执行力的体现就是要构建“不讲任何借口”的行为准则，营造“不讲任何借口”的文化环境和思想氛围，使其融合在企业文化里，印刻在全体人员心目中，使之成为企业每个员工的一种守则，一种信念，从而以高度负责的态度去对待并做好每一项工作。执行力是在每一个环节、每一个层级和每一个阶段都应重视的问题，企业的所有员工都应共同地担负起责任。不管从事什么职业、处在什么岗位，每个人都有其担负的责任，有分内应做的事。做好分内的事是每个人的职业本分，也是执行力的最好体现。

二、有效执行力的特点

要做到有效执行力必须在工作中实践好“严、实、快、新”4字要求。

1. 要着眼于“严”，积极进取，增强责任意识

责任心和进取心是做好一切工作的首要条件。责任心强弱，

决定执行力度的大小。因此，要提高执行力，就必须树立起强烈的责任意识和进取精神，坚决克服不思进取、得过且过的心态。把工作标准调整到最高，精神状态调整到最佳，自我要求调整到最严，认认真真、尽心尽力、不折不扣地履行自己的职责。决不消极应付、敷衍塞责、推卸责任。养成认真负责、追求卓越的良好习惯。进取心强弱，决定执行效果的好坏。

2. 要着眼于“实”，脚踏实地，树立实干作风

天下大事必作于细，古今事业必成于实。虽然每个人岗位可能平凡，分工各有不同，但只要埋头苦干、兢兢业业就能干出一番事业。好高骛远、作风漂浮，结果终究是一事无成。

因此，要提高执行力，就必须发扬严谨务实、勤勉刻苦的精神，坚决克服夸夸其谈、评头论足的毛病。真正静下心来，从小事做起，从点滴做起。一件一件抓落实，一项一项抓成效，干一件成一件，积小胜为大胜，养成脚踏实地、埋头苦干的良好习惯。

3. 要着眼于“快”，只争朝夕，提高办事效率

“明日复明日，明日何其多。我生待明日，万事成蹉跎。”要提高执行力，就必须强化时间观念和效率意识，弘扬“立即行动、马上就办”的工作理念。坚决克服工作懒散、办事拖拉的恶习。

每项工作都要立足一个“早”字，落实一个“快”字，抓紧时机、加快节奏、提高效率。做任何事都要有效地进行时间管理，时刻把握工作进度，做到争分夺秒，赶前不赶后，养成雷厉风行、干净利落的良好习惯。

4. 要着眼于“新”，开拓创新，改进工作方法

只有改革，才有活力，只有创新，才有发展。面对竞争日益激烈、变化日趋迅猛的今天，创新和应变能力已成为推进发展的核心要素。

因此，要提高执行力，就必须具备较强的改革精神和创新能力，坚决克服无所用心、生搬硬套的问题，充分发挥主观能动性，创造性地开展工作、执行指令。

在日常工作中，我们要敢于突破思维定式和传统经验的束缚，不断寻求新的思路和方法，使执行的力度更大、速度更快、效果更好。养成勤于学习、善于思考的良好习惯。

因此，把态度管理作为根本、以责任管理为导向、贯彻结果管理的执行，这不仅对我们的管理有深远的影响，更对我们人格魅力的培养、素质的提高有着积极意义，对公司未来的发展更有跨越式的提高。

三、打造个人执行力

打造个人执行力，包括自制力、情绪控制、任务启动、时间管理、弹性、抗压力。

1. 自制力

自制力指的是一个人抑制言行冲动，预留时间以便判定情势的能力。如果你通常基于足够的信息、采用系统的方法做出决策，而不是贸然决策，就表明你具有很强的自制力。相反，如果你通常急于行事，而没有预先考虑后果，就很可能表明你的自制力比较弱。如果你具有很强的自制力，你就不会急于对上司的新想法发表评论。

2. 情绪控制

如果你具有很强的情绪控制能力，就能在面临压力时保持冷静，不会轻易气馁，也会在遭受挫折时保持高度的弹性。如果你的情绪控制能力较弱，就会对他人的批评过于敏感，也可能难以抑制自己的愤怒或挫折感。

如果你的情绪控制能力较强，就不会在事情没有达到预期时心烦意乱，或者会在小组会议上受到同事的批评时，能作出冷

静、理性的反应。

管理自己情绪的一种最有效方法就是，事先预估可能出现的问题，并做好应对计划。在面临可能引起情绪反应的场合时，写下你将要发表的言辞的范本，例如，“我知道这很难，但我一定要做到。”此外，尽力限制那些你认为有可能引起情绪反应的情势。

预估可能引起情绪反应的情势，并请相关的人做好准备。例如，你可以和此人讨论哪类事件会提升负面情绪。为此人提供处理具体情势的范本。将任务分解成多个步骤，使它们更可控。如果此人看起来心烦意乱，让他暂时休息一下。

3. 任务启动

如果你乐于当天完成当天的事情，而不是把它们推到明天，你的任务启动能力就可能很强。任务启动能力指的是在没有过度延迟的情况下启动任务的能力。如果你的任务启动能力比较弱，就往往会延迟启动项目。

如果你的任务启动能力比较强，你就会立即着手处理被上司安排的任务，即使该项任务只要求在3周之内完成，或者你有可能在接到启动指令之前就开始做某个项目，或者会在接到账单的当天就写好支票。

分析你需要完成的任务，然后将它分解，并从容易的部分着手。其目的是使该项目不会让人觉得难以启动。为启动任务做好计划，并设好启动提示，如采用手机闹钟提醒，或请同事提醒。

可以为特定的任务做好执行的计划。设好任务启动提示，例如，借助闹钟的提醒功能。限制自己花在特定任务上的时间量，并确保该时间量较小。

4. 时间管理

如果你的时间管理能力较强，你就会在期限到来之前采用系统的方法完成特定的任务。如果有人问你要花多长时间才能完成某个项目，你估计的时间有90%的准确度，你会按时完成所有的任务。你会准时出席会议，尽管遇到了交通阻塞。你会经常清理电子邮箱。

如果你的时间管理能力较弱，你就会等到会议快要开始的时候才仓促地完成报告；不会有紧迫感。首先，将时钟调快些，这会增强你的时间意识。其次，针对自己必须处理的事件或活动设立明确的提示，如借助闹钟或计算机的提醒功能，或请同事在特定的时间提醒你处理事情。将日程表摆在容易看到的地方，例如，将它贴在显眼的地方，或将日历摆放在办公桌或台式电脑上。

5. 弹性

如果你的弹性比较强，就表明你适应和发起变化的能力比较强。你搭乘的班机被取消的时候，你能快速地制订旅程替代方案。如果有一位下属在你做讲解的最后一分钟请病假，你下次也会重新讲解相关内容。如果解决某个问题的第一种方案行不通，你很容易想出第二种方案。你善于从他人的角度看待问题。

如果你的弹性较弱，就不愿意对已经制订好的工作计划进行调整。如果你的计划被中断，你会发现很难将其重组。你不愿意听取他人的意见，也不愿意考虑他们的建议。一旦你制订了一项计划，你就会对计划改变或替代方案感到不适。

试着制订多个任务程序。例如，尝试每天采用同样的方式来安排任务，以便建立稳定的程序。你可以每天在特定的时间回复电话，在相同的时间回复电子邮件，甚至在大致相同的时间享用午餐。这能够提高你的舒适度，以便从容应对意料之外的挑战或活动。

6. 抗压力

如果你的压力感很强，却能在压力环境下控制自己，就表明你的抗压能力可能很强。你对模棱两可的事情有很强的容忍度，

并且能够在危机面前保持情绪稳定。你会将意料之外的阻碍看做是需要克服的有趣挑战。你会对例行公事感到无趣或厌倦。你会将具有不稳定性或不可预测性的任务视为一种享受。

如果你的抗压能力较弱，当事情出现太快或多种事情同时出现的时候，你就会感到非常焦虑。你会整晚睡不着，担心在工作过程可能面临的危机。你更喜欢那种每天让你了如指掌的工作，要确定你的压力源。如果你的压力与工作量有关，可以采取多种解决办法。很显然，试着减轻工作量是较好的办法，但这往往会引起他人的抱怨。更合理的方法是设定任务优先级，确保将不是很重要的事情放到最后处理。

企业要提升个人执行力不是一朝一夕之功，个人执行力的强弱主要取决于2个要素：个人能力和工作态度，能力是基础，态度是关键。我们要提升个人执行力，就要通过加强学习和实践锻炼，在工作中不断总结，不断摸索来增强自身素质。端正工作态度，即对待工作，不找任何借口，要时时刻刻、事事处处体现出服从、诚实的态度和负责、敬业的精神。面对市场经济的大潮，我们要想立于不败之地，就必须要提高执行力，精心打造这一核心竞争力。

第二节 沟通能力

一、会表达

话是说给别人听的。如果别人听不懂你说的话，那么即使你的句式再漂亮、用词再讲究，于沟通而言也是无济于事。所以，平时最好用简单的语言、易懂的言语来传达讯息，而且对于说话的对象、实际要有所掌握，有时过分的修饰反而达不到想要完成的目的。

1. 语言表达技巧

(1) 注重明确性和简洁性。在表达的过程中，直奔主题，用尽量少的语言表达尽量多的信息。对于表达者而言，可以让自己的表达更有影响力，而对于倾听者来说，可以让其节省更多的时间。要让表达更简洁清晰，这就需要我们在表达时，对自己表达的信息先做一定的处理和加工，而不是将脑海中想到的所有细枝末节的内容全部呈现出来。因此，下面的4个部分是非常重要的：首先需要目标明确，表达者知道自己需要表达些什么；其次寻找一个合适的结构，将表达的内容有效地组织起来；再次还要做到内容精简，去除表达中那些无用的信息；最后为了让表达更清晰，表达者应该努力消除可能在表达中造成误解的部分。

(2) 注意谈话对象。古人所谓的"言之有礼"，是指说话要分清对象，恰如其分，有礼有节，说话时态度和蔼，表情自然，语言亲切，表达到位。我们都知道有一个成语称作"对牛弹琴"，它讽刺的就是"说话不看对象"。琴弹得再好，对牛也没有任何意义。说话也一样，不看人说话也没有任何作用，有时还

会招来不必要的麻烦，甚至杀身之祸。例如，我们对一个目不识丁的老太太大讲 WTO、普希金、雪莱这些她完全不懂的东西，岂不是白费口舌？直言朱元璋皇帝过去放牛煮豆故事的穷苦朋友被杀，岂不是祸从口出？我们说话一定要顾及听话的人——形形色色的人，要了解听话者的身份、年龄、职业、爱好、文化修养等诸多方面的情况，只有这样，我们所说的话才有意义，才能达到预期的目的。

（3）语言要得体。吕叔湘先生说过："此时此地对此人说此事，这样的说法最好；对另外的人，在另外的场合，说的还是这件事，这样的说法就不一定好，就该用另外一种说法。"吕先生说的就是语言得体的问题。语言表达"得体"，指能够根据不同的对象，区别不同的场合，选用恰当的语句来表情达意，体现语境和语体的要求，包括言语、行动等都要恰如其分。有人通俗地说，所谓得体就是根据需要说相应的话。

2. 善用肢体语言

一个人要向外界传达完整的信息，单纯的语言沟通成效很低，而加入了肢体语言就会好很多，更能丰富表达的意思，使表达更精确。肢体语言通常是一个人下意识的举动，它很少具有欺骗性。诸如鼓掌表示兴奋，顿足代表生气，搓手表示焦虑，垂头代表沮丧，摊手表示无奈，捶胸代表痛苦等，我们可以通过肢体语言来表达情绪，别人也可由之辨识出用其肢体所表达的心境。

积极的心态产生积极的肢体语言，消极的心态产生消极的肢体语言。我们可以通过学习了解一些常见的肢体语言，避免在一些重要场合传递出消极的信息，造成不良的影响；同时，在交谈过程中，可以善用积极的肢体语言，拉近双方的距离，促成良好的效果。

常见的肢体语言，如下表所示。

表　常见的肢体语言

肢体语言	传递信息
眯着眼	不同意、厌恶、发怒、不欣赏、蔑视、鄙夷
来回走动	发脾气、受挫、不安
扭绞双手	紧张、不安或害怕
向前倾	注意或感兴趣
懒散地坐在椅中	无聊或轻松一下
抬头挺胸	自信、果断
正视对方	友善、诚恳、外向、有安全感、自信、笃定
避免目光接触	冷漠、逃避、漠视、没有安全感、消极、恐惧
点头	同意或者表示明白了，听懂了
摇头	不同意、震惊或不相信
搔头	困惑或急躁
咬嘴唇	紧张、害怕或焦虑、忍耐
抖脚	紧张、困惑、忐忑
抱臂	漠视、不欣赏、旁观心态
眉毛上扬	不相信或惊讶、蔑视、意外
笑	同意或满意、肯定、默许

人们在交谈、演讲、倾听的过程中，会不经意间作出这些动作，表达出内心的真实想法。只要掌握这些身体语言，就能更加准确地了解对方传递的信息。

3. 提升口头表达能力

（1）学习知识技能。出色的口头表达能力，其实是由多种内在素质综合决定的，它需要冷静的头脑、敏捷的思维、超人的智慧、渊博的知识及文化修养；需要在演讲方法、论辩技巧、逻辑思维、哲学社会、心理分析等方面进行持久不断地学习，用心体会；当然练习实践也是必不可少的。

（2）参加多种活动。如演讲会、辩论会、讨论会、宣传会、

咨询活动等，以多种方式提高自己的口头表达能力。只要我们勤于学习，大胆实践，善于总结，及时改进，我们的口头表达能力一定能不断提高。

(3) 掌握相应技巧。如条理清楚，观点鲜明，内容充实，论据充分；力求用言简意赅的语言传达最大的信息量；表达准确，吐字清楚，音量适中，声调有高有低，节奏分明，有轻重缓急，抑扬顿挫；恰当地运用设问、比喻、排比等修辞方法及谚语、歇后语、典故等，使语言幽默、生动、有趣等。

二、会聆听

1. 聆听的原则

(1) 适应讲话者的风格。

(2) 眼耳并用。

(3) 首先寻求理解他人，然后再被他人理解。

(4) 鼓励他人表达自己。

(5) 聆听全部信息。

(6) 表现出有兴趣聆听。

2. 有效聆听的四步骤

(1) 准备聆听。首先，就是你给讲话者一个信号，说我做好准备了，给讲话者以充分的注意；其次，准备聆听与你不同的意见，从对方的角度想问题。

(2) 发出准备聆听的信息。通常在聆听之前会和讲话者有一个眼神上的交流，显示你给予发出信息者的充分注意，这就告诉对方：我准备好了，你可以说了。要经常用眼神交流，不要东张西望，应该看着对方。

(3) 采取积极的行动。积极的行为包括我们刚才说的频繁的点头，鼓励对方去说。那么，在听的过程中，也可以身体略微地前倾而不是后仰，这样是一种积极的姿态。这种积极的姿态表示：你愿意去听，努力在听。同时，对方也会有更多的信息发送给你。

（4）理解对方全部的信息。聆听的目的是理解对方传递的全部信息。如果在沟通的过程中你没有听清楚或没有理解时，那么应该及时告诉对方，请对方重复或者是解释。这一点是我们在沟通过程中常犯的错误，所以，在沟通时，如果发生这样的情况要及时通知对方。

当你没有听清或者没有听懂的时候，要像很多专业的沟通者那样，在说话之前都会说：在我讲的过程中，诸位如果有不明白的地方可以随时举手提问。这证明他懂得在沟通的过程中，要说、要听、要问。而不是说，大家要安静，一定要安静，听我说，你们不要提问。那样就不是一个良好的沟通。沟通的过程是一个双向的循环：发送、聆听、反馈。

3. 聆听的5个层次

在沟通聆听的过程中，因为我们每个人的聆听技巧不一样，所以，看似普通的聆听却又分为5种不同层次的聆听效果。

（1）听而不闻。所谓听而不闻，简而言之，就是不做任何努力地听。我们不妨回忆一下，在平时工作中，什么时候会发生听而不闻？如何处理听而不闻？听而不闻的表现是不做任何努力，你可以从他的肢体语言看出，他的眼神没有和你交流，他可能会左顾右盼，他的身体也可能会倒向一边。听而不闻，意味着不可能有一个好的结果，当然更不可能达成一致。

（2）假装聆听。假装聆听就是作出聆听的样子让对方看到，当然假装聆听也没有用心在听。在工作中常有假装聆听现象的发生。例如，在和老师的沟通过程中，学生惧怕老师的权威，所以，作出聆听的样子，实际上没有在听。假装聆听的人会努力作出聆听的样子，他的身体大幅度的前倾，甚至用手托着下巴，实际上并没有听。

(3) 选择性的聆听。选择性的聆听，就是只听一部分内容，倾向于聆听所期望或想听到的内容，这也不是一个好的聆听。

(4) 专注地聆听。专注地聆听就是认真地听讲话的内容，同时，与自己的亲身经历做比较。

(5) 建立同理心的聆听。不仅是听，而且努力在理解讲话者所说的内容，所以，用心和脑，站在对方的利益上去听，去理解他，这才是真正的、设身处地的聆听。设身处地的聆听是为了理解对方，多从对方的角度着想：他为什么要这么说？他这么说是为了表达什么样的信息、思想和情感？如果你的上级和你说话的过程中，他的身体却向后仰，那就证明他没有认真地与你沟通，不愿意与你沟通，所以，要设身处地的聆听。当对方和你沟通的过程中，频繁地看表也说明他现在想赶快结束这次沟通，你必须去理解对方：是否对方有急事？可以约好时间下次再谈，对方会非常感激你的通情达理，这样做将为你们的合作建立基础。

4. 聆听的技巧

沟通是双向的。我们并不是单纯地向别人灌输自己的思想，我们还应该学会积极的倾听。聆听的能力是一种艺术，也是一种技巧，聆听需要专注，每个人都可以透过耐心和练习来发展这项能力。

(1) 要表示出诚意。聆听别人谈话需要消耗时间和精力。如果你真有事情不能聆听，那么直接提出来（当然是很客气的），这比你勉强去听或装着去听给人的感觉要好得多。听就要真心真意地听，对我们自己和对他人都是很有好处的。安排好自己的时间去听他人谈话是一件很有益的事情。

(2) 要有耐心。这体现在2个方面：一是别人的谈话在通常情况下都是与心情有关的事情，因而一般可能会比较零散或混乱，观点不是那么突出或逻辑性不太强，要鼓励对方把话说完，自然就能听懂全部的意思了。否则，容易自以为是地去理解，这样会产生更加不好的效果。二是别人对事物的观点和看法有可能是你无法接受的，可能会伤及你的某些感情，你可以不同意，但应试着去理解别人的心情和情绪。一定要耐心把话听完，才能达到聆听的目的。

(3) 要避免不良习惯。开小差、随意打断别人的谈话，或借机把谈话主题引到自己的事情上，一心二用，任意地加入自己的观点作出评论和表态等，都是很不尊重对方的表现，比不听别人谈话产生的效果更加恶劣，一定要避免。

(4) 适时进行鼓励和表示理解。谈话者往往都希望自己的经历受到理解和支持，因此，在谈话中加入一些简短的语言，如“对的”“是这样”“你说得对”等或点头微笑表示理解，都能鼓励谈话者继续说下去，并引起共鸣。当然，仍然要以安全聆听为主，要面向说话者，用眼睛与谈话人的眼睛作沟通，或者用手势来理解谈话者的身体辅助语言。

(5) 适时作出反馈。一个阶段后准确的反馈会激励谈话人继续进行，对他有极大的鼓舞作用。包括希望其重复刚才的意见(因为没有听懂或重点表达的内容)，如“你刚才的意思或理解是……”等。但不准确的反馈则不利于谈话，因此，要把握好度。

三、会提问

1. 提问方式

通常情况下，提问的方式可以分为封闭式提问和开放式提问两类。

(1) 封闭式提问。对于这一提问方式，只需要作出是非判断。采用这种提问方式的主要目的，是对信息进行确认。这种提问方式可以和聆听结合使用，在聆听的过程中适时进行提问，如“是这样吗?”“您说的意思是……吗?”，以示你正在认真聆听，

并适时给予反馈，你的倾诉对象会更愿意敞开心扉。封闭式提问可以节约时间，容易控制谈话的气氛，但不利于收集信息。

（2）开放式提问。对于这一提问方式，需要进行阐述和解释。采用这种提问方式的主要目的是收集信息。开放式提问能够得到更多的反馈信息，谈话的气氛轻松，有助于帮助分析对方是否真正理解你的意思。同时，开放式提问也存在浪费时间、话题跑偏等缺点。

2. 提问技巧

在沟通中，通常是一开始沟通时，我们就希望营造一种轻松的氛围，所以，在开始谈话的时候问一个开放式的问题；当发现话题跑偏的时可问一个封闭式的问题；当发现对方比较紧张时，可问开放式的问题，使气氛轻松一些。

在我们与他人沟通的过程中，经常会听到一个非常简单的口头禅“为什么?”。当别人问我们“为什么”的时候，我们会有什么感受？或认为自己没有传达有效的、正确的信息；或没有传达清楚自己的意思；或感觉自己和对方的交往沟通可能有一定的偏差；或沟通好像没有成功等，所以，对方才会问“为什么”。实际上他需要的就是让你再详细地介绍一下刚才说的内容。

四、会说服

1. 取得对方的信任

信任是成功说服的基础。要想取得对方的信任并不难，可以先通过认真倾听拉近彼此距离，再有针对性地迎合，以彻底“俘获人心”。迎合对方可以让对方产生一种被尊重与被赞同感，是取得对方信任的一种有效方法。表现迎合的行为通常有以下3种。

（1）“鹦鹉学舌”。倘若自己不擅长沟通，或者判断不出对方所言的真实意图，可以采取“鹦鹉学舌”的方式来回应并迎合对方。可采用如下方法：一是重复对方所说的关键词语，表示赞同；二是将对方所表述内容中的关键词语进行同义词替换，以表示赞同；三是把握对方所说的关键词语，引用事实等进行补充，展开内容进行复述。

(2) 表示理解。可采用如下方法：一是深入理解对方的言语；二是表示理解，提出建议；三是获得对方的认同与信赖。

(3) 表示认同。对于无关紧要的问题，可以直接表示赞同。当确实不同意对方的观点时，要先保留意见，等待合适时机再发表见解。

2. 寻找最佳突破点

要成为一名说服者，就必须明确自己究竟要说服谁。找准最佳突破口会使说服事半功倍。而说服的初衷和落脚点都离不开说服的对象，所以，要想寻找最佳突破点就需要体察说服对象的个性和特质。

(1) 掌握对方性格。说服别人的最终目的就是要让对方接受自己的观点。不同性格的人对于接受他人意见的敏感程度是不一样的。

越容易被说服的人，其敏感程度越低；而越难被说服的人，其敏感程度越高。但无论对方是自负却没有真本事的人，还是有才华又虚心求教的人，是急躁的人，还是稳重踏实的人，只要掌握了其性格特点，有针对性地进行说服，就可能取得事半功倍的效果。

(2) 掌握对方长处。从对方的长处入手进行沟通，往往更能引起对方谈话的兴趣，对方的长处往往可以被转变为说服对方的强有力条件之一。例如，你可以从其擅长的领域入手，展开话题，也可以向对方请教其擅长的东西，拉近彼此距离。

(3) 了解对方兴趣。每个人都喜欢谈论自己比较感兴趣的话题或事物。在沟通过程中，一旦谈论对方感兴趣的内容，对方

的敏感度与戒备心理就会随之降低，从而实现说服的目的。

（4）把握对方想法。在沟通过程中，对方所坚持的个人想法往往是影响说服效果的关键所在。对此，你可以通过提问的方式引导出对方的真实想法，把握对方的真实想法，从对方的角度出发进行说服，有利于提高说服的成功率。

（5）关注对方情绪。在沟通过程中，要时刻关注对方的情绪变化。对方的情绪波动直接影响说服的效果。在沟通过程中，对方的情绪主要受三方面因素影响。一是沟通前，对方因其他事造成的情绪仍然在持续中；二是沟通过程中，对方的注意力正集中在其他方面；三是沟通过程中，对方对自己的看法与态度。

第三节　创新能力

一、创新的种类

创新有多种类型，有多种分类方法。从创新机制的角度进行分类，创新可分为知识创新、技术创新、组织创新、制度创新和理论创新。

1. 知识创新

知识创新是指通过科学研究，包括基础研究和应用研究，获得新的基础科学和技术科学知识的过程。它可为人类认识世界、改造世界提供新理论和新方法，可为人类文明的进步和社会发展提供不竭动力。科学研究是知识创新的主要活动和手段。

2. 技术创新

技术创新指的是用新知识、新工艺、新技术，采用新的生产方式和经营模式，通过提高质量、创新产品、创新服务，占据市场并实现市场价值的经济技术活动。

企业通过技术进步不断开发新产品并推进老产品的更新换

代，通过满足消费者日益增长的物质和文化需求来获得新的经济增长点。技术创新贯穿企业活动的全过程。

3. 组织创新

组织创新是指根据组织的外部环境和内部条件的变化以及在组织运作中发现的问题及时进行组织变革，推进组织发展，调整组织结构，更新组织系统，以完善组织功能。

【典型案例】

组织结构调整创新

有一个工厂的老板，他花费了很多心思来提高工厂的劳动生产率，可当劳动生产率达到临界点时，再提高就非常困难了。这时，有人出了一个主意，帮助老板分析了几个车间的员工的组织构成。他们发现，第一个车间都是男员工，于是就建议增加几个女员工进去，改善性别比例；第二个车间都是年轻人，建议增加几个中老年人进去；第三个车间都是中老年人，建议增加几个年轻人进去；第四个车间老的、少的、男的、女的都有，但是这个车间都是本地员工，于是建议增加几个外地员工进去，这样大家工作不甘示弱，效率自然得到提高。可见，人员还是这么多，组织结构调整了一下，劳动效率就得到了提高，这就是创新的作用。

4. 制度创新

制度创新是在人们现有的生产和生活环境条件下，通过创设更能有效激励人们行为的新制度来实现社会的持续发展和变革的创新。其核心是社会、政治、经济和管理制度的革新，激发人们的创造性和积极性，促使不断创造新的知识，并推动社会资源的合理配置，最终推动社会的进步。

5. 理论创新

理论创新是指人们在社会实践活动中，根据实际的发展和要求，对既有的理论观点通过扬弃和修正进行丰富和发展，同时，

对不断出现的新问题进行新的理性分析，揭示和预见认识对象的发展变化趋势，对人类的历史经验和现实经验进行新的理性升华。

其中，知识创新贯穿创新的全过程，每个环节都可能既需要新的知识，同时，又在产生新的知识，否则，整个创新过程将无法完成。知识创新的成果构成其他创新的基础和源泉，是促进科技进步和经济增长的革命性力量。这些创新反过来又在不断拓展知识创新的空间。

二、常用创新技法

对于职场人来说，充分发挥创新性思维，掌握和熟练地运用创新技法是很重要的。它不仅能使人们提高工作效率，而且能使工作开拓前进、不断创新。

1. 智力激励法

智力激励法也称为头脑风暴法，是一种组织成员集体开展创造发明活动的方法。该方法不受专业知识条条框框的限制，以便充分发挥想象力，让所有参加者在自由愉快的气氛中畅所欲言，自由交换想法或点子，并以此激发参加者的创意及灵感，以产生更多的创意，并提倡设想的奇特性。智力激励法比较适合给产品命名、创造新产品等需要大量构想的课题内容的讨论。

智力激励法的特点如下。

（1）各种设计思想互相激励、启发，使联想成为连锁反应。

（2）扩散思维，任意思考。

（3）选择课题的目标适中，不可太大。

2. 希望点列举法

希望点列举法是从用户的愿望和要求出发，用发展的眼光去认识和预见客观事物，提出改进产品的新目标，从而产生各种各样新奇的设想，即用扩散性想象去发现问题、解决问题。

3. 缺点列举法

缺点列举法是针对一个产品在使用过程中所暴露出缺点和问题的分析。任何产品无论事先设计得多么合理，一旦交付使用，都会显露出某些方面的不足，这是一个客观规律，这也促进了产品不断地更新换代。

缺点列举法的操作程序一般如下。

（1）针对存在的问题提出缺点。

（2）分析产生缺点的各种原因。

（3）根据产生缺点的原因，选择解决办法。

（4）综合各种解决办法，写出克服主要缺点的方案。

4. 联想思维法

联想是由这一事物到另一事物的思维过程，包含逻辑的必然性。联想并不是一般性的思考，而是思考的深化，是由此及彼的深入思考。善于思考就能举一反三、触类旁通，从而产生认识的飞跃和创新的灵感。

联想的方式分为以下2种。

（1）自由联想。自由联想不受任何条框的约束，是一种非逻辑的、跳跃式的思维过程。智力激励法能促进自由联想的广度和深度。

（2）控制联想。控制联想受条件约束，可对事物的发展进行有限制的联想。这种联想有其内在规律。

三、创新能力的培养

不同类型的人思维特征不同，有的人擅长逻辑思维，有的人偏于直觉，但不同类型的人都可以在创造过程中发挥自己的能量。创新能力是可以逐渐培养和学习的，可以从以下几个方面进行。

1. 树立问题意识

问题是创新的基础，能提出问题，说明在进行积极思考，这是一种可贵的探索、求知精神。但是，由于知识的继承性，人们的头脑里会形成一个比较固定的思维定式，有时思维定式可使人们较快地找到解决问题的途径，但有时也会使人陷入思维定式的陷阱。当事物的发展与思维定式发生冲突、问题开始出现时，人们便不愿意去思考或解决。实际上，一旦人们产生了试图解决问题的愿望，便有了创新的渴望，便会产生强烈的创新动机，思维自然就向前迈进一步。因此，应提倡独立思考、勇于探索的品格，它有利于提高创新能力，而依赖、盲目服从都不利于创新能力的发展。

2. 激发灵感

灵感是思维过程的突变、跳跃或跃迁。灵感的出现经常在一闪念之间，稍纵即逝。当灵感闪现并被及时捕捉到时，会使事物的发展出现“柳暗花明又一村”的佳境，于是问题迎刃而解。然而灵感并不会轻易迸发，只有当对所关注或研究的问题有着强烈的解决愿望时，才会产生执著、持久的意识，并在大脑中刻下深深的痕迹。这样，一旦有外界信息的突然刺激、启示，便有可能得到启发、产生联想，进而激发灵感，产生思维的跃迁。

促进灵感产生，需要做到以下几点。

（1）对问题和资料进行长时间的反复思考和探索。

（2）将全部注意力集中在需要解决的问题上。

（3）试图摆脱习惯思维方式。

（4）保持乐观、积极的心态。

3. 积累创新方法

每个人的知识和经验都是有限的，要注重创新方法的积累，互相学习，彼此启发。人在实践中要与环境发生密切联系，要把自己学到的创造理论与方法在实际工作中加以运用，培养发散性思维和辨证批判思维方式，多角度、全方位地思考问题、解决问题。应用创新方法的过程就是不断提高创造水平的过程。

4. 培养发散性思维品质

发散性思维，又称扩散性思维、辐射性思维、求异思维。它是一种从不同的方向、途径和角度去设想，探求多种答案，最终使问题获得圆满解决的思维方法。发散性思维的另一种表现就是思维的跳跃性，跳跃性思维中经常孕育着创新的契机。培养发散性思维品质，可以使人不仅看到事物的表面属性，更能够看到不易被人注意的隐藏属性，而创新思维往往来源于对事物隐藏属性的认识。不要讥笑看起来似乎荒谬怪诞的观点，这种观点往往是创造性思考的导火线。

【经典案例】

无人问津的房屋

有位年轻人乘火车去某地。火车行驶在荒无人烟的山野之中，人们一个个百无聊赖地望着窗外。前面有一个拐弯处，火车减速，一座简陋的平房缓缓地进入他的视野。也就在这时，几乎所有乘客都睁大眼睛“欣赏”起这寂寞旅途中的特别风景，年轻人的心也为之一动。

返回时，他中途下了车，不辞辛劳地找到那座房子的主人。主人告诉他，每天火车都要从门前“隆隆”驶过，噪音实在使他们受不了，很想以低价卖掉房屋，但多年来一直无人问津。不久，年轻人用3万元买下了那座平房，他觉得这座房子正好处在转弯处，火车经过这里时都会减速，疲惫的乘客一看到这座房子精神就会为之一振，用来做广告是再好不过的了。很快，他开始和一些大公司联系，其推荐房屋正面是一面极好的“广告墙”。后来，可口可乐公司看中了这个广告媒体，在3年租期内，支付年轻人18万元租金……。

重复性的活动使人们逐渐形成习惯性的思维方式和比较固定的行为规范，造成思维障碍。如果打破常规，就会取得意想不到的效果。要开拓新的境界，就要敢于打破思维定式，实现大胆求异的思维方式，与此同时，还必须学会抵制促使你顺应社会习俗的各种压力。其实，日常工作中并不缺少创新点，只是我们经常受到思维定式的束缚而发现不了，只要我们能努力改变思维方式，在每个岗位上都可以发现创新的机遇。让我们都从自身的思维创新入手，全身心地投入到企业的创新工程中去吧，不要被固定的思维模式所束缚，要敢于突破，敢于求异，只有这样，才能开拓新的境界。

第九章　职业规划

第一节　确立职业发展目标

职业发展目标是人生目标或长远目标，是展望个人职业前途的具体目标，是职业生涯发展所追求的最高职业目标。自我认知是职业规划的前提。

一、自我认知

1. 自我认知的含义

自我认知是指员工个人对自己的了解和认识，包括认识自己的优点和缺点，意识并调整自己的情绪、意向、动机、个性和欲望，并对自己的行为进行反省等。清楚的自我认知能够使员工了解自己的职业价值观、兴趣、爱好、能力、特长、人格特征以及弱点和不足。工作过程中，个人通过对自己的总结、盘点，找到成功和失败的原因，从中汲取经验和教训，可以助力自己的职业生涯逐步走向成功。

2. 自我认知的方法

自我认知是一个长期的、需要持续改进的过程，需要将心理测量、自我反省、自我总结等简便易行的方法结合起来使用。

（1）职业价值观法。即明确自己最想要从工作中得到什么。职业价值观可以反映个人对报酬、奖励、晋升或职业中其他方面的不同偏好。

（2）性格倾向法。即明确自己适合干什么。员工可以借助一定的性格测试工具来分析判断自己适合做什么样的工作。

（3）职业兴趣法。即明确自己最喜欢干什么。兴趣是价值观的反映，必须与具体的任务或活动联系起来。员工从事的职业活动与兴趣相关度越高，其对工作的满意度就越高。

【拓展阅读】

职业兴趣及其适应性工作

下面是对12种职业兴趣及其适应性工作的描述，看看哪个或哪些描述与你相近。

1. 喜欢与工具打交道

这类人喜欢使用工具、器具进行劳动等活动，而不喜欢从事与人或动物打交道的职业。相应的职业如修理工、木匠、建筑工和裁缝等。

2. 喜欢与人打交道

这类人喜欢与他人接触的工作，他们喜欢销售、采访、传递信息一类的活动。相应的职业如记者、营业员、邮递员和推销员等。

3. 喜欢从事文字符号类工作

这类人喜欢与文字、数学、表格等打交道的工作。相应的职业如会计、出纳、校对员、打字员、档案管理员和图书管理员等。

4. 喜欢地理地质类职业

这类人喜欢在野外工作，如地理考察、地质勘探人员等。

5. 喜欢生物、化学和农业类工作

这类人喜欢试验性的工作。相应的职业如农业技术人员、化验员、饲养员等。

6. 喜欢从事社会福利和帮助他人的工作

这类人乐于帮助别人，他们试图改善他人的状况，喜欢独自与人接触。相应的职业如医生、律师和咨询人员等。

7. 喜欢行政和管理的工作

这类人喜欢管理人员的工作，爱做别人的思想工作。相应的职业如辅导员、行政人员等。

8. 喜欢研究人的行为

这类人喜欢谈论涉及人的主题，他们乐于研究人的行为举止和心理状态。相应的职业如心理工作者、哲学家和人类学研究者等。

9. 喜欢从事科学技术事业

这类人喜欢科技工程类活动。相应的职业如建筑师、工程技术人员等。

10. 喜欢从事富于创造性的工作

这类人喜欢需要有想象力和创造力的工作，爱创造新的式样和概念。相应的职业如发明家、设计师等。

11. 喜欢从事操纵机器的技术工作

这类人喜欢运用一定的技术，操纵各种机器，制造产品或完成其他任务。相应的职业如驾驶员、飞行员、海员和机床工等。

12. 喜欢从事具体的工作

这类人喜欢制作能看得见、摸得着的产品，希望很快看到自己的成果，他们从完成的产品中得到自我满足。相应的职业如厨师、园林工、农民和理发师等。

(4) 才能潜质法。即明确自己能干什么。个人才能是职业生涯管理中的一个重要因素，它反映了一个人能够做什么或接受适当的培训后能够做什么。

综上所述，价值观、性格、兴趣和才能对一个人的职业生涯

发展都会有影响，这些因素在某些方面是相互联系的，兴趣源于价值观，它与才能也是密切相关的，人们喜欢从事自己擅长的工作，通过实践，人们往往可以在自己喜欢的工作中操作得更加熟练。员工进行自我认知，应将价值观、兴趣、人格和才能视为一个整体进行分析。

二、确立职业发展目标的因素

虽然每个人的条件不同，所确立的职业发展目标也不尽相同。但是确定职业发展目标时所要考虑的因素是相同的。

1. 符合自身特点

不同的人有不同的特点。这种特点就是自己的兴趣、性格、特长等。这些特点就是个人的优势。将目标建立在个人优势的基础上，就能左右逢源，处于主动有利的地位。自己的特点与自己的目标方向一致起来了，才能长驱直入，事半功倍。

2. 符合个人职业能力

职业能力是我们制定目标的依据。然而现实中，很多人不会利用客观手段了解自己的职业能力，只是凭直觉决策，导致职业发展走了弯路。

3. 符合社会需求

制定职业发展目标，如同生产一种“产品”。这种“产品”有市场，才有“生产”的必要。故在确定职业发展目标时，要考虑到内外环境的需要，特别是要考虑到社会需要。有需求，才有位置。

4. 符合家庭状况

人生除了事业目标以外，还有财富、婚姻、健康等问题。这些问题都直接影响着人生事业的发展和生活质量。所以，财富、婚姻、健康也使人生的重要组成部分，在制定职业发展目标是应加以考虑。人生成就创一番事业，物质基础是必要的，没有一定的物质基础，事业也难以得到发展。所以，在制定人生事业目标时，适当地对个人收入问题进行设计是必要的。婚姻也是人生中的一件大师，处理得好，有利于事业的发展，一生幸福；处理得不好，不但影响事业的发展，而且终身痛苦。人人都希望健康、长寿，事业发展也离不开健康，所以，应注意锻炼身体。

三、职业发展目标的选择

职业发展目标的选择往往需要经过初选、再选几个反复，通过目标调整再作出最后的选择，即终结性决定。其基本程序包括预测、衡量和比较 3 个基本步骤。

1. 预测

预测即“筛一筛”。对根据头脑风暴设想的各种方案进行可能性评价，分析达到有可能性，划掉不切实际、不可能达到的目标，缩小备选范围。

2. 衡量

衡量即“量一量”。结合自已分析的个人职业生涯发展的条件和机遇，从发展目标对从业者的素质要求、可能的回报和对外部环境的要求 3 个方面衡量初步确定的发展目标是不是符合本人的发展条件，进一步审视发展目标。

3. 比较

比较即“比一比”。在衡量所得结果的基础上，对各备选目标进行比较、排序，确定最优方案。

第二节　构建发展阶梯

一、阶段目标的特点和设计思路

阶段性目标主要是指长期目标、中期目标和短期目标。其

中，每一个阶段都有其不同的特点和设计思路。

1. 长期目标的特点和设计思路

长期目标主要是基于自身的能力、发展潜力和社会经济发展的趋势，勾画出自己的职业生涯高峰。指人们期望通过实行特定战略而达到的结果。这就是职业生涯的长期目标。

（1）长期目标的特点。

①有可能实现，具有挑战性；

②对现实充满渴望；

③没有明确规定实现时间，在一定范围内实现即可；一旦实现会带来巨大的成就感；

④它是人生理想和发展方向能够引导中期和近期目标；

⑤能够用明确的语言定性地描述。

长期目标一般为 10 年、20 年、30 年，是中期目标和近期目标所追求的最终目标。

（2）设计长期目标应注意的因素。

①有长远目的、非常符合自己的价值观；

②与社会的发展需求相结合；

③富有挑战性和创造性；

④考虑风险；

⑤一定时间范围内具有可行性，易于分解操作。

2. 中期目标的特点和设计思路

中期目标一般为 3~5 年的目标，它相对于长期目标来说要具体一些，如参加一些旨在提供技术水平的培训并获得等级证书等。

（1）中期目标的特点。

①通常与长期目标保持一致；

②能够用明确的语言来定量说明；

③有比较明确的时间，且可以做适当的调整；

④具有创新性和灵活性，充满信心，愿意公布于众。

(2) 设计中期目标应考虑的要素。

①基本符合自己的价值观与个性特点；

②符合社会组织环境，能够获得环境支持；

③对目标的现实可行性做出评估；

④具有全局眼光，即符合长期目标，同时，也易于分解操作。

3. 短期目标的特点和设计思路

短期目标是一种现实性的目标，是具有实际价值的目标，是以长期的人生大目标为发展方向的行动性、操作性目标、短期目标作为达到长期目标的初始步骤，通过一个个攻克短期目标，逐步逼近和最终达到长期目标。

(1) 短期目标的特点。

①具有可操作性；

②目标可能是自己选择的，也有可能是企业或上级安排的、被动接收的；

③未必与价值观相符但可以接受。

(2) 设计短期目标应考虑的因素。

①要与中期目标、长期目标一致；

②明确规定具体完成的时间；

③要适应组织环境需求；

④灵活简单，切合实际，确实能实现。

【经典案例】

马拉松比赛中的阶段目标

在一次国际女子马拉松邀请赛上，一位名不见经传的女选手意外地夺得了冠军。当记者问她凭什么取胜时，她只说了“用智慧战胜对手”这么一句话，当时许多人认为她这是在故弄玄虚。3年后，在另一次国际马拉松邀请赛上，这

位女选手再次夺冠。记者又请她谈获胜的经验，这次女选手还是那句话：“用智慧战胜对手。”许多人对此迷惑不解。这位女选手解释说：“每次比赛前，我都要乘车把比赛的线路仔细看一遍，并画下沿途比较醒目的标志，如第一个标志是银行，第二个标志是红房子……这样一直画到赛程终点。比赛开始后，我奋力向第一个目标冲去，等达到第一个目标后，我又以同样的速度向第二个目标冲去。40多千米的赛程，就被我分成这么几个小目标轻松完成了。”其实，要达到目标，就像上楼一样，不用梯子，1楼到10楼是绝对蹦不上去的，相反蹦得越高就摔得越狠。所以，必须是一步一个台阶地走上去。就像那位女选手一样将大目标分解为多个易于达到的小目标，一步步脚踏实地，每前进一步，实现一个小目标，就使她体验到了“成功的感觉”，而这种“感觉”强化了她的自信心，并推动她发挥潜能去达到下一个目标。

二、近期目标的制定要领

近期目标是指在最近的一段时间内所要达到的目标，即你在近期内首要完成的目标。但近期目标又不同于短期目标，近期目标是在一段时间内首要达到的短期目标，是短期目标的一种。

在制定近期职业规划目标时，可以运用SMART原则，所谓的确立职业规划目标的SMART模式，是指Specific（明确）、Measurable（可衡量）、Attainable（可行）、Realistic（切实）以及Time-based（时间限制）。

Specific（明确），明确就是要用具体的语言清楚地说明要达到的生涯目标的标准。目标要尽量提得具体，要有标准可以衡量。

Measurable（可衡量），可衡量就是指目标应该是明确的，而不是模糊的。应该有一组明确的数据，作为衡量是否达成规划目标的依据。

Attainable（可行），可行就是指目标必须具有实现的可能性。目标定得太高，会打击人的积极性。

Realistic（切实）一项目标，如果实现的可能性等于零，那不管是谁，都会觉得没劲；反过来，它的实现可能性是100%，那它就不再是目标。它既要符合实现，又是建立在分析实现的基础上。

Time-based（时间限制），实现近期职业规划目标应当有时间限制，而且时间应该明确紧凑，而不能规定的过于宽泛，否则，近期职业发展目标只能成为空想。

此外，在制定近期职业发展目标时，要特别审视近期目标和长期目标的匹配性。从长期职业生涯战略考虑，看自己的近期目标是否仍然可以作为达到长期目标的手段。如果不能，你或许就要修正近期目标以提高这种匹配性了。同时，分清哪些行为、活动和经验可以帮助你达到近期目标。为了达到近期目标，要列出一个简明的单子，写明关键的和可实行的战略计划。

三、围绕近期目标补充发展条件

当我们确定近期发展目标之后，需要进一步分析实现近期职业目标所需具备的条件。在此基础上对照我们现已具备的条件，就能得出我们需要补充的发展条件。

1. 发展条件补充的内容

一般来说，围绕近期目标补充发展条件包含以下3方面内容。

(1) 思想观念方面的发展条件。人们总是按照自己的思想观念去行动，不同的观念会导致不同的行为方式，不同的行为方式导致不同的结果。在职业生涯中，一般来说，职业发展目标越

高，越需要正确的思想观念。

(2) 知识方面的发展条件。这里所说的知识，不仅仅是书本知识，还有实践知识。一个书本知识很多的人，并不一定在实践中体现出来，只有书本和实践知识都很丰富的人，才可能是完善的人。

(3) 能力方面的发展条件。能力更多的是在完成一件任务时所表现出来的素质。包括学习能力、预测能力、综合能力、决策能力等。

2. 补充发展条件的注意事项

在补充发展条件的这个过程中，我们还需要注意以下几点。

(1) 应将组织环境与补充发展条件相结合。个人所在的组织环境对个人职业发展有着重要的影响，当组织环境适宜于个人发展时，个人职业更容易取得成功。但组织环境同社会环境一样，也在不断地变化，这些变化对近期职业目标的实现提出了不同的要求。因此，在制定近期职业生涯补充发展条件规划时，应将个人所在的组织环境与补充发展条件相结合。也就是说，在组织环境允许的范围内发展，因为个人的职业发展与组织的发展是分不开的。从组织内部环境看，影响补充职业发展条件的因素也是多方面的，主要包括企业组织的发展战略、组织的人力资源状况与制度和人力资源规划，等等。

(2) 应充分考虑社会环境对补充发展条件的影响。在社会经济发展日益市场化的背景下，职业生涯发展必然要受到社会环境的极大影响和制约，其中，包括社会的政治环境、经济环境、文化环境、社会科技环境和教育环境。社会环境中流行的政治经济形势、社会产业结构的调整与变动、用人政策管理体制的变化、社会劳动力市场人才的需求与变化、对人的职业岗位的认同等因素，无疑都会在制定补充个人职业发展条件的决策上留下深深的烙印。

（3）补充发展条件应充分考虑个人因素。就像世界上没有2片完全相同的树叶一样，在这个世界上也没有2个完全相同的人。人的差异可以体现在许多方面，包括性格、能力、爱好、气质等，这些个人因素是影响职业生涯的核心因素。因此，我们围绕近期目标补充发展条件时，因充分考虑个人因素，充分利用个人因素中的积极因素，规划好的人与近期职业目标的匹配。最大限度地调动一个人的积极性，充分挖掘和发挥各种的潜能，尽早补充发展条件。

第三节　制定发展措施

一、发展措施制定三要素

制定一项完善的职业发展措施必须包含以下要素：任务、标准、时间。

1. 任务

任务是制定职业发展措施必不可少的一个要素，任务是指具体从事的某一项或者几项工作，即完成职业发展目标所需要从事的具体工作。任务是制定发展措施的最基本的要素，只有完成具体的任务工作才能达到发展目标。例如，为了提高业绩，你需要更多的拜访客户，策划更多的销售方案。拜访客户、策划销售方案就是任务。

2. 标准

标准是指衡量任务的定量指标，它是衡量任务完成质量的标尺。在制定发展措施时一定要制定相应的标准，任务是否达到相应的标准是衡量是否完成的参照物。标准是一种定性要素，在执行任务的过程中，我们难免会犯些错误，或者偏离远离原定的目标，这时候就需要一定的标准作为衡量工具，依据该参照物，少

犯错误，修正任务的实施方向，这样才能尽快完成任务。因此，制定发展措施，必须制定相应的标准作为任务的标尺，以判断任务的完成质量。标准是发展措施中的必不可少的要素。

3. 时间

时间是制定发展措施的定量要素，它指的是完成任务的时间段。时间是有限的，每一个任务都必须在一定的时间内完成，如果没有时间从量上控制任务的完成，就可能会导致任务的完成时间被无期限的拖延。当然，每一个任务的完成都需要一定的时间，因此，我们在制定发展措施时，要合理的设定任务的完成时间。规定的时间过长，不利于有效的利用时间；而如果规定的时间过短，无法按时完成任务，或者为了按时完成任务而牺牲了质量，这样时间限定就失去意义。因此，制定发展措施的时间限度时一定要综合考量，合理的设定时间。

二、实现近期目标的具体计划

为实现近期目标而制定的发展措施，即具体计划，是实现近期目标的基础。

1. 制订具体行动计划应该注意的问题

（1）为什么这个目标对我而言是最可能的目标？

（2）我将如何达成此特定目标？

（3）我将分别在何时进行上述每一行动计划？

（4）有哪些人将会/应当加入此行动计划？

（5）对我而言还有什么不能解决的问题呢？

制订具体计划是职业生涯规划过程中最艰难的一步，因为它要求我们停止梦想，开始实际行动。要避免实际行动中的 2 个“陷阱”：懒惰、错误。

2. 落实具体计划要把握的原则

（1）设定工作任务的原则。定性、定量，具有可行性。

（2）执行具体计划。面临问题时，当场解决症结或重点，决不拖延。

（3）注意“轻重缓急”原则。先做重要且紧急的事情。

三、反馈与修正

社会环境、自身条件以及不确定因素都会对职业生涯规划产生影响，有些影响可预测，有些影响难以预测。当原定目标、计划、措施与实际情况出现偏差时，就要对原职业生涯规划进行评估，确保规划得到进一步落实。评估之后，还要根据评估结果反馈回来的信息对职业生涯规划进行修订，以适应环境的变化。因此，有效的职业生涯规划就是不断反省、不断调整、不断修正目标及策略的过程，要考虑方案是否可行、策略是否恰当。

第十章　职业形象

职业形象是指在职场中树立的印象。在职场中注意一些职业形象，并将这些优化为职业行为，不仅是自我尊重和尊重他人的表现，也能反映出自身的工作态度和精神风貌。

第一节　仪容仪态

一、打造仪容

仪容主要包括脸部、头发、上肢、下肢等方面。

1. 脸部

(1) 脸部皮肤。脸部皮肤的日常基础护理，包括洁肤、爽肤、润肤，具体内容如下。

①洁肤：卸妆后，取洁面用具，用无名指以向上向外打圈的手法，揉洗面部及颈部清除尘垢、过剩油脂及化妆物，去除表面老化细胞，促进新陈代谢，让肌肤清新、爽洁。

②爽肤：用棉球蘸取爽肤水轻轻擦拭脸部及颈部，注意避开眼部。擦肤水可起到进一步清洁皮肤、补充水分、帮助收缩毛孔的作用。

③润肤：将润肤品抹于脸部及颈部，以向上向外打圈的手法轻轻抹匀，为肌肉补充必要的水分与养分，令肌肤柔润而有弹性。

（2）眼睛。

①保洁：把脸部分泌物及时去掉。若眼睛患有传染病，应自觉回避社交活动。

②眼镜：戴眼镜不仅要美观、舒适、方便、安全，而且还应随时对其进行擦拭或清洗。

③修眉：如果感到自己的眉型或眉毛不雅观，可以进行必要的修饰。但是不提倡纹眉，更不要剃去所有眉毛。

（3）耳朵。在洗澡、洗头、洗脸时，不要忘记洗一下耳朵。必要之时还需要清除耳孔之中不洁的分泌物，但不要在他人面前这么做。有些人耳毛长得较快，甚至还会长出耳孔，在必要之时需对其进行修剪。

（4）鼻子。平时应注意保持鼻腔清洁，不要让异物堵塞鼻孔，或是让鼻涕流淌。不要随处吸鼻子、擤鼻涕，更不要在他人面前挖鼻孔，经常检查一下鼻毛是否长出鼻孔，一旦出现应及时进行修剪。

（5）口部。口部除了口腔之外，还包括它的周边地带。口部修饰首要之务是注意口腔卫生，坚持刷牙，防止产生异味。从卫生保健角度讲，刷牙最好做到“三个三”，即每天刷 3 次，每次刷牙宜在饭后 3 分钟进行，每次刷牙用时 3 分钟。保持口腔清洁，当然也是自尊、尊人的表现。

与人交往应酬前应禁食容易产生异味的食物，如葱、蒜、韭、虾酱、腐乳及烈酒等，也不要吸烟。必要时可含茶叶、口香液以除异味。男士最好坚持每天剃须，这样既令自己显得精明强干，又充满阳刚之气。如果“胡子拉碴”与人交往，往往印象不佳。护唇，即呵护自己的嘴唇，防止嘴唇开裂、暴皮或生疮，还应避免唇边残留分泌物或其他异物。

（6）脖颈。脖颈与头发相连，属于脸部的自然延伸部分。修饰脖颈，一是要禁止其皮肤过早老化，与面容产生较大反差。

二是经常保持清洁卫生，不要只顾脸面，不顾其他，脸上干干净净，脖子上尤其脖后藏污纳垢，与脸部反差过大。

2. 头发

对职场人士来说，对头发最基本的要求是头发整洁、发型大方。

（1）头发整洁。头发是人们脸面之中的脸面，应当自觉的做好日常护理工作。平日都要对自己的头发勤于梳洗。勤梳洗头发，既有助于保养头发，又有助于消除异味。若是懒于梳洗头发，弄得自己蓬头垢面，满头汗馊、油味，发屑随处可见，是很败坏个人形象的。

（2）理发原则。头发的长度应符合以下原则。

①长度上：男女有别，女士可以留短发，但不宜理寸头。商界对头发的长度大都有明确限制，女士头发不易长，过肩部，必要时应以盘发束发作为变通。男士不易留鬓角、发帘，最好不要长于7厘米，即大致不触及衬衫领口。

②个人身高上：以女士留长发为例，头发的长度就应与身高成比例。一个矮个的女士若留长发过腰，会使自己显得更矮。

③长幼之分：飘逸披肩的秀发，是年轻女性的象征。

（3）发型要求。

职场男士的发型要求：干净、整齐、长短适当（6厘米左右），前不及额头、后不及领口，发型整齐，两侧鬓角不得长于耳垂底部。

职场女士的发型要求：发式简单大方，发饰朴素典雅。前不差额，后不过肩，如果留的是长发，在工作的时候需要打理整齐、束起来或者盘于脑后。提倡盘发，忌披发。

3. 上肢

上肢即手臂，手被称为人的第二张脸，在社交活动过程中，无论是握手寒暄、递送名片、献茶敬烟，还是垂手恭立，手始终都处于醒目之处。在人际交往中，有一双清洁、柔软的手，能增添他人对你的好感。根据礼仪的需求，我们对手部应注意以下几点。

(1) 勤剪指甲。勤剪指甲是讲究卫生的表现，因此，要养成“三日一修剪，一日一检查”的良好习惯。从卫生角度讲，留长指甲有弊无利；但从爱美出发，选留长指甲也未尝不可，但要注意清洁而富有光泽。

(2) 不在指甲上涂饰彩妆。出于保护指甲的目的，可以使用无色和自然肉色指甲油。它能增强指甲的光洁度和色泽感。但若非专业的化妆品营销人员，一般不宜在手指甲上涂抹彩色指甲油。色彩过于鲜亮（如橘红、朱红等）或过于凝重（如黑色、灰色等）的指甲油对大多数职业女性是不适宜的。也不宜在手背、胳膊上使用贴饰、刺字或者刻画。

(3) 不外露腋毛。在较为正式的场合，一般不要穿裸露肩部的上衣，即使有必要身穿无袖装时，也要先剃去腋毛。如让腋毛外露则极不雅观。

4. 下肢

(1) 保持下肢的清洁。

①勤洗脚：人的双脚不但易出汗，且易产生异味，必须坚持每天洗脚，而且对于趾甲、趾缝、脚跟、脚腕等处要面面俱到。

②勤换鞋袜：一般要每天换洗1次袜子，才能避免脚臭。还要注意尽量不穿不透气、吸湿性差、易产生异味的袜子。对于鞋子，也要注意勤换和清洗、晾晒。

(2) 下肢的适度掩饰。

①不裸腿：男性光腿，往往会令他人对其“飞毛腿”产生反感；女性光腿则有卖弄性感之嫌。因此，要尽量少光腿穿鞋。

②不赤脚：在比较正式的场合，不允许充当“赤脚大仙”，也不宜赤脚穿鞋。这不仅是为了美观，而且是一种礼貌。

③不露趾、不显跟：在比较正式的场合，不能穿凉鞋和拖鞋，即使穿了袜子，露趾、显跟也有损自己的形象。

④勤剪脚趾并慎用彩妆：注意腿与脚的皮肤保养。夏天如穿裙子或短裤使双腿外露时，女士最好将腿毛去除，或穿上深色而不透明的袜子。

【拓展阅读】

职业男性仪容自检表

1. 头发是否干净，无头屑？
2. 头发是否梳理得干净、整齐？
3. 头发的长度适合吗？
4. 是否染彩发？
5. 胡须刮干净了吗？
6. 牙齿每天刷3遍了吗？
7. 口中有烟味、酒味、蒜味等异味吗？
8. 手及指甲干净吗？
9. 每天都洗澡吗？
10. 鼻毛修理干净了吗？

职业女性仪容自检表

1. 头发是否干净，无头屑？
2. 头发是否梳理得干净、整齐？
3. 是否染过分鲜艳的彩发？
4. 头饰是否过于特别？
5. 牙齿每天刷3遍了吗？
6. 口中有烟味、酒味、蒜味等异味吗？
7. 手及指甲干净吗？
8. 是否涂了鲜艳的甲彩？
9. 化了淡妆吗？
10. 香水是否喷得太多？

二、规范仪态

职场体姿礼仪主要包括站姿、坐姿、行姿、蹲姿、手姿等。

1. 站姿

（1）男士规范的站姿。头正，双目平视，表情自然，面带微笑，下颌微收，抬头挺胸，收腹，双肩放松，双手自然下垂，手掌向内，手指自然弯曲，双腿直立，双膝和脚后跟并拢，脚掌分开，夹角呈50°左右。或者两腿分开，双腿平行同肩宽，双手背后交叉或体前交叉，右手搭在左手上，手指自然弯曲。

（2）女士规范的站姿。头正，双目平视，表情自然，面带微笑，下颌微收，抬头，挺胸，收腹，双肩放松，双手自然下垂，手掌向内，手指自然弯曲，双腿直立，双膝和脚后跟并拢，脚掌分开，呈“V”字形。或者一只脚略前，另一只脚略后，前脚的后跟稍向后脚的脚背靠拢，后腿的膝盖稍向前脚靠拢。

（3）站姿的禁忌。站立时，不可以弯腰驼背、探脖、耸肩、挺胸、屈腿、翘臀、挺腹、双手叉腰、肌肉不要太紧张、身体不要过于僵硬，更不要忸怩作态，可适当变换姿势。也不可以将双腿叉开过大，双脚随意乱动，或随意挟、拉、靠、倚等。这些不良的站姿会给人以懒惰、轻薄、不健康的印象，应当禁止。

2. 坐姿

（1）男士规范的坐姿。在工作中，男士坐姿应做到上体挺直，下颌微收，双目平视，表情自然；两腿分开，不超肩宽，两脚平行，小腿与地面垂直；两手分别放在双膝上，双臂微曲放在桌面上。在轻松的场合，男士如有需要，可交叠双腿。

（2）女士规范的坐姿。女士就坐时，要缓而轻，如清风徐来，给人以美感。工作场所应该上身自然挺直，下颌微收，双目平视，面带微笑；双手轻放双膝上，或轻搭在椅子扶手上，两腿自然弯曲并拢，两脚平放；在轻松场合，也可右脚（左脚）在前，将右脚跟（左脚跟）靠于左脚（右脚）内侧，双手虎口处交叉，右手在上，轻放在一侧的大腿上，给人以一种文静、雅致、可亲可敬的感觉。

(3) 坐的注意事项。

①坐时不可前倾后仰，或歪歪扭扭；

②双腿不可过于叉开，或长长地伸出；

③坐下后不可随意挪动椅子；

④不可将大腿并拢，小腿分开，或双手放于臀部下面；

⑤不可高架“二郎腿”或呈“4”字形腿；

⑥不可腿、脚不停抖动；

⑦不要猛坐猛起；

⑧与人谈话时不要用手支着下巴；

⑨坐沙发时不应太靠里面，不能呈后仰状态；

⑩双手不要放在两腿中间；

⑪脚尖不要指向他人；

⑫不要脚跟落地、脚尖离地；

⑬不要双手撑椅；

⑭不要把脚架在椅子或沙发扶手上，或架在茶几上。

3. 蹲姿

(1) 正确的蹲姿。蹲姿可采用高低式和交叉式。

①高低式：下蹲时，应左脚在前，右脚靠后，左脚完全着地，右脚脚跟提起，右膝低于左膝，右腿左侧可靠于左小腿内侧，形成左膝高、右膝低的姿势，臀部向下，上身微前倾，基本上用左腿支撑身体，女性应并紧双腿，男性可适度分开。若捡身体左侧东西，则姿势相反。

②交叉式：主要适用于女性，尤其适用于身穿短裙的女性在公共场合采用的蹲姿，虽造型优美但操作难度较大，右脚在前，左脚居后；右小腿垂直于地面，全脚着地，右腿在上、左腿在下交叉垂叠，左膝从后下方伸向右侧，左脚跟抬起，脚尖着地，两

腿前后靠紧，合力支撑身体。

(2) 采取蹲姿时的注意事项。

①无论是采用哪种蹲姿，都要切记将双腿靠紧，臀部向下，上身挺直，使重心下移。

②女士绝对不可以双腿敞开而蹲，这种蹲姿称为“卫生间姿势”，是最不雅的动作。

③在公共场所下蹲，应尽量避开他人的视线，尽可能避免后背或正面朝人。

④站在所取物品旁边，不要低头、弓背，要膝盖并拢，两腿合力支撑身体，慢慢地把腰部低下去拿。

4. 走姿

(1) 男士规范的走姿。走路时要将双腿并拢，身体挺直，双手自然放下，下巴微向内收，眼睛平视，双手自然垂于身体两侧，随脚步微微前后摆动。双脚尽量走在同一条直线上，脚尖应对正前方，切莫呈“内八字”或“外八字”，步伐大小以自己足部长度为准，速度不快不慢，尽量不要低头看地面。

（2）女士规范的走姿。

①步位直：走路要用腰力，腰适当用力向上提，身体重心稍向前。迈步时，脚尖可微微分开，但脚尖、脚跟与前进方向要迈出一条直线，避免“外八字”或“内八字”迈步；年轻女士迈步时，双脚内侧踩一条线，所谓“一字步”；男子和中老年妇女则双脚可走两条平行线，所谓“平行步”。

②步幅适度：跨步均匀，两脚间的距离约为一只脚的距离。因年龄、性别、身高和着装的不同，步幅会有所不同。

③步态平稳：步伐应稳健、自然、有节奏感；行走的速度应保持均匀、平稳，不要忽快忽慢，一般每分钟在 80~100 步。

④手动自然：两臂放松，以肩关节为轴，两手前后自然协调摆动，手臂与身体的夹角一般在 10°~15°。

（3）走姿的禁忌。

①方向不定：不可忽左忽右，变化多端，好像胆战心惊，心神不定。

②瞻前顾后：不应左顾右盼，尤其不应反复回过头来注视身

后。另外，力戒身体乱晃不止。

③速度多变：切勿忽快忽慢，要么突然快步奔跑，要么突然止步不前，让人不可捉摸。

④声响过大：用力过猛，搞得声响大作，因而妨碍他人或惊吓了他人。

⑤八字脚：内八字或外八字。

⑥双手插入裤袋：倒背双手而行。

⑦脚蹭地面，磨鞋。

⑧贴墙角。

5. 手姿

手姿，又称作手势。由于手是人体最灵活的部位，所以，手姿是体语中最丰富、最具有表现力的传播媒介，做得得体适度，会在交际中起到锦上添花的作用。常用的手姿如下。

（1）正常垂放。

①自然垂放式：双手指尖朝下，掌心向内，在手臂伸直后分别紧贴于两腿裤线之处。

②腹前叠放式：双手展开后自然相交于小腹之处，掌心向内，一只手在上、另一只手在下地叠放在一起。

③腹前相握式：双手展开后自然相交于小腹之处，掌心向内，一只手在上、另一只手在下地相握在一起。

④双手背后式：双手展开后自然相交于背后，掌心向外，两只手相握在一起。

（2）手持物品。持物时要求平稳、自然、到位。拿小的东西时，用拇指和食指捏住，其他三指握到掌心，切忌其他三指跷起来。

（3）递接物品。递物时先调整好物品（带文字的物品要正面面对对方，带尖、带刃的物品则朝向自己或朝向他处），再主动上前，用双手递于对方手中，以便对方接拿。接物时要用双手或右手，绝不能单用左手。

(4) 招呼别人。要注意手掌掌心应向上，切忌用一根或者两三根手指，掌心向下。根据手臂摆动姿势的不同，招呼别人的手姿如下。

①横摆式：常用来表示“请”“请进”。具体做法是：一只手五指伸直并拢，手掌自然伸直，手心向上，肘微弯曲，腕低于肘。以肘关节为轴，手从腹前抬起向外侧摆动至身体侧前方，并与身体正面成45°时停下，同时，脚站成“丁”字步。头部和上身微向伸出手的一侧倾斜，另一只手自然下垂或背在背后，目视宾客，面带微笑。

②双臂横摆式：用来表示招呼较多的人，动作较大一些。具体做法是：两手从腹前抬起，手心向上，同时，向身体外侧摆动，摆至身体侧前方，上身稍前倾，微笑施礼，向大家致意，然后退到一侧。

③斜摆式：用来请客人就座，手势应摆向座位的地方。具体做法是：手先从身体的一侧抬起，到高于腰部后，再向下斜摆过去，使大小臂成一弯曲线。

④前摆式：如果左手拿着东西或扶着门，这时要向宾客做向右“请”的手势时，可以用前摆式手势语。具体做法是：右手五指并拢，手掌伸直，手臂稍曲，以肩关节为轴，自身体左前侧由下向上抬起，抬到腰的高度后，再水平向身体右前方摆到距身体15厘米左右时停止。

⑤直臂式：也用来指示方向。具体做法和横摆式大致相同，但直臂式强调胳膊摆到肩的高度，肘关节基本伸直。

(5) 举手致意。举手致意时要伸开手掌，掌心向着对方，指尖朝上，切勿乱摆。

(6)“V”形手姿。具体做法是：掌心向外，拇指按住无名指和小指，食指和中指伸开，指尖向上。这种手姿表示胜利，它

是第二次世界大战时英国首相丘吉尔首先使用的，现已传遍世界。这种手姿在我国也表示“二”。

(7)“OK”手姿。具体做法是：拇指、食指相接成环形，其余三指伸直，掌心向外，指尖向上。这种手姿在美国和我国表示“同意、了不起、顺利”；在韩国、日本、缅甸表示金钱；在泰国表示“没问题”；在巴西、希腊和独联体各国，表示对人的咒骂和侮辱。

(8)跷起大拇指的手姿。具体做法是：拇指上竖，指尖向上，其余四指合拢掌心，拇指指肚要朝向他人。如果拇指指肚朝向自己，表示自高自大。在我国和一些国家，这种手势一般都表示一切顺利或用来夸奖别人。

第二节　规范着装

一、着装原则

一个人的着装是否得体，应从年龄、体形、职业等方面综合考虑。

1. 适合年龄

服装的穿着必须要适合自己的年龄，不同年龄段的人对着装应有不同的要求。年轻人一般应穿得鲜艳、活泼、随意一些，青年女性的服装款式一般应新颖、符合潮流，显示出青年人朝气向上的青春之美。中年人的服装颜色一般应逐步转入灰色、褐色系列，甚至黑色系列，给人以坚实、诚信的感觉。老年人的着装一般要注意端庄、深沉、理性，体现出稳重的特点。

2. 适合体形

在设计和选择服装时应从自己的体形出发，量体裁衣，做到合身、合体，在外观上采取垂直方向的上升或下降以造成高度上的错觉，或采取横向的空间扩展或收缩，来协调形体的宽窄，寻求形体与自然和谐美的效果。在服装色彩的选择上同样要注意形体差异：体胖者宜穿深色类的收缩色，收缩色有收敛作用，使人显瘦；体瘦者宜选用浅色和暖色，这种色调属于扩张色，使人显得丰腴一些。

3. 适合职业

穿着打扮应与个人职业相协调。服装除具有保暖和美观的作用外，更能体现出一个人的身份、修养和风度。从事某些行业的人士，如医生、空中乘务员或酒店服务生，都有一定的职业制服，让人一眼就能从其所穿着的服装辨别出其职业身份。恰当的着装礼仪有助于体现其职业风范和个人风度。

【经典案例】

这里不招运动员

一位颇有才华的大学生，看见某大酒店招聘经理助理的广告，就像运动员冲刺一般跑去应聘。然而，他万万没有想到，经理室的大门还没有跨进去，就被一名公关小姐拦住。她开玩笑地说："这里不是体育馆，不招聘运动员。"这位大学生摸摸自己光秃秃的头，才恍然大悟，再看看自己身上的运动装，哪里像是去酒店应聘，难怪被人拒之门外。

二、体形与服饰

1. 男士体形与服饰

男士的服装款式和色彩状态相对较稳定，讲究的是款式本身的造型和穿着的效果。现实中男士的身材高、矮、胖、瘦各不相同，这就需要根据各人的具体情况，通过服装的设计及造型对身材加以修饰。

(1) 身材较高男士。上衣应适当加长，配以低圆领或蓬松袖子的衬衣，可以给人以"矮"的感觉。服装的颜色最好选择

深色、单色或柔和的颜色。

(2) 身材矮小男士。上衣应稍短一些，突出腿长，服装款式以简单直线为宜，上下身颜色应保持一致。不宜穿大花图案或宽格条纹的服装，最好选择浅色的套装。

(3) 身材肥胖男士。在衣服的款式上力求简洁，中腰略收，以后背扎一中缝为好，不宜穿垫肩较厚、领口窄小的服装和高领上衣。最好是选择适度宽敞的开门式领形，以“V”形领最佳，且以冷色或直纹的面料为宜。

(4) 身材纤瘦男士。可用加垫肩的外套，使人显得丰满、有宽度。穿着便装应避免圆领、尖领、无领、无袖的衣服和短裤。在款式上应选择尺寸宽大、上下分割花纹、有变化、较复杂、质地不太软的衣服，切忌穿紧身衣裤，也不要穿深色的衣服。

(5) 窄肩或溜肩男士。不宜穿无袖或连袖的上衣，可通过垫肩、肩袢等增高或加宽肩部。

(6) 腰节低、臀部过于突出的男士。宜穿下摆松宽、没有腰身的上衣，以掩饰突出的臀部。下装可采用竖直、窄长、裆较短的造型，来增加下肢的长度，使肢体显得匀称。

2. 女士体形与服饰

女士在服装选择时，无论从实用还是从美观的角度，都应将自己的体形特点作为服装选择的基本参照物，这是不同体形女士在服装选择时所必须注意的问题。

(1) 身材高大女士。身材高大的女性在选择服装衣料时应力求质地柔和、清爽、飘逸，选用横条纹、斜条纹、大块面浪漫配色，可显示出高大身材女性的美丽风采。在款式上可选择裙摆大而飘逸的长裙或圆裙，并可在腰部增加装饰或在裙子上做大花样变化的装饰，以减少由于身材高大而引起的压抑感或沉重感。若上身较长可选用有趣味的宽皮带；若腿较短，可选择宽松的上衣来平衡全身。

（2）身材矮小女士。矮小身材的女性在选择服饰时应注意尽量统一全身的颜色，包括皮鞋和丝袜，否则，将会让身材弱点暴露无遗。可选用紧身裙或细长的紧身裤，给人以修长的感觉。不宜穿衣领开口过大、多褶皱的衣服和裙子，宜穿戴线条简单、图案小巧的服饰。配件的款式以简单为原则，不宜太多或太鲜艳夺目。不要穿太长的裙子或腰过低的衣服，也不宜穿太笨重的鞋子，因为这种穿着会使人们的视线往下降，使身材显得更矮。

（3）体形肥胖女士。过于肥胖的女性，在选择服装时应特别注意：宜选择薄厚适中、质地较好的衣服。不可穿紧身衣裤或系宽腰带，不宜穿喇叭裙和大摆裙、无袖上衣和无袖连身裙，不宜穿大花、横条纹及大格子的服装，尽量挑选那些既有线条又宽松的款式，腰身可长一点，但不可太紧，服装外形垂直线条越多，越有苗条感。裙子的长度以中等为宜，太长显得人矮。全身装饰应保持一种色系，以创造一种修长的感觉，不要选大型的装饰，如肩章、荷叶边、蝴蝶结、喇叭袖、大翻领等。

（4）体形纤瘦女士。苗条的女性服装选择的范围很大，但如果偏瘦就要注意所选的衣服尽量使自己丰满为好。应选择纹理较粗大及较厚的衣料，以便使服装的造型线条清晰起来。上衣宜宽松，不宜紧身，更不宜穿有伸缩性的紧身衣服，上衣的领子可适当加些扇形饰物。

（5）上身过长女士。上身过长的女性，势必给人以腿短的印象，为了掩饰这种体形上的弱点，可采取提高腰际线、增加腿部修长感等方法加以弥补。应选择肩高的衣服，把腰际线提高3厘米左右，使用较为宽大的皮带；宜穿紧身长裤或下摆收缩的服装、腰际线较高的连身裙或较长的裙子；还可以穿无横袢的高跟鞋，着淡色长筒丝袜，让脚面与腿部连成一体，增加腿部的修长感，以掩饰下身过短的身材弱点。

（6）臀部肥大女士。臀部肥大，严重地影响女性的曲线美。这类体形的女性在选择服装时，应注意上衣下摆不要过于宽松，而应收缩；避免选择多褶裙、百褶裙，裙子不宜过长，宜穿西装裙，否则，将使臀部显得更加肥大；应选择柔软而不贴身的衣料。

三、服装类别与穿着技巧

1. 男士西服着装礼仪

西装是一种国际性的服装，是世界公认的男士正统服装。它造型美观，且有开放式的领形和宽阔而舒展的肩部，腰部略收，穿起来方便，也有风度，给人以落落大方的感觉。在西装款式的选择及穿着方面都有一定的讲究和礼仪要求。

（1）西装的款式与选择。男士西装的款式可分为欧式、美式、英式三大流派。其中，欧式又分为意式（意大利式）和法式（法国式）等小的流派。

欧式西装即欧洲型西装，面料厚，剪裁贴身，腰身中等，胸部收紧突出，袖笼和垫肩较高，领形狭长，注重外形，多为双排扣。

美式西装即美国型西装，使用的面料薄、有弹性，造型自然，腰部稍微收缩，胸部不过分收紧，垫肩适度，领形宽度适中，一般多为单排扣。

英式西装即英国型西装，其轮廓与欧式西装相似，但垫肩较薄，穿上别有特色，绅士派头十足。

在选择西装时，要充分考虑自己的身高和体形，力求合体。其上装的肥瘦，应以内穿一件羊毛衫且有适当松度为宜；长度适中，其袖长以至腕关节为宜。款式的选择应因人而异，中等身材且比较单薄的男士穿着单排扣西装可显得俊逸、挺拔；身材高大的男士穿着双排扣西装则可显得雄健端庄。

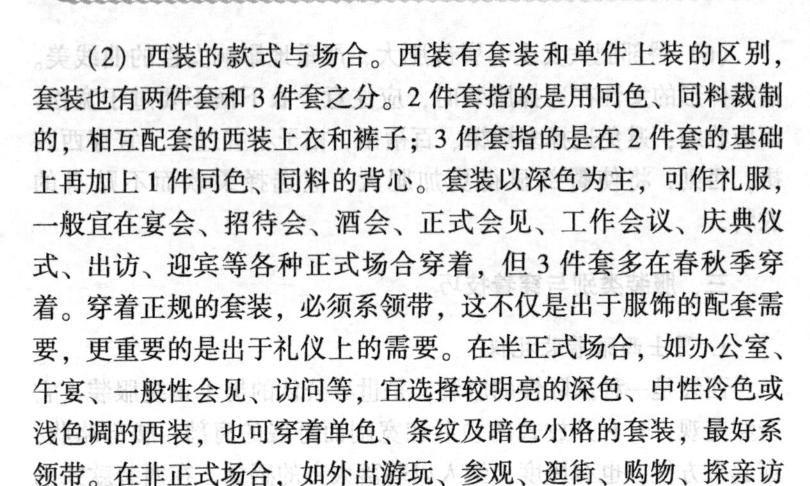

(2) 西装的款式与场合。西装有套装和单件上装的区别，套装也有两件套和3件套之分。2件套指的是用同色、同料裁制的，相互配套的西装上衣和裤子；3件套指的是在2件套的基础上再加上1件同色、同料的背心。套装以深色为主，可作礼服，一般宜在宴会、招待会、酒会、正式会见、工作会议、庆典仪式、出访、迎宾等各种正式场合穿着，但3件套多在春秋季穿着。穿着正规的套装，必须系领带，这不仅是出于服饰的配套需要，更重要的是出于礼仪上的需要。在半正式场合，如办公室、午宴、一般性会见、访问等，宜选择较明亮的深色、中性冷色或浅色调的西装，也可穿着单色、条纹及暗色小格的套装，最好系领带。在非正式场合，如外出游玩、参观、逛街、购物、探亲访友或餐厅聚餐，最好穿休闲西装或普通的单件西服便装，可以不系领带。

(3) 西装穿着的基本要求。

①选好和穿好衬衣：衬衣是西装最为重要的配件之一，主要对西装起衬托作用。与西装配套的，一般为有着硬质的“V”形领衬衣，其颜色有白色、浅色或竖条、方格等。在社交场合和日常生活中，最受欢迎、效果最好的衬衣是白色和纯色。在纯色中，一般又以浅蓝色最佳，不宜穿杂色或格子衬衣。选择衬衣，除应注意与西装颜色搭配外，还应注意根据自己的脖子粗细选好合适的领围尺码。合适的领围应以在穿着后能伸进两个手指为宜。此外，脖子较短较粗者不宜选用宽领衬衣，脖子较长者不宜选用窄领衬衣。一件与西装上衣搭配合适的衬衣，其领口应比西装领子高出1厘米左右，袖子应比西装长出2厘米左右。衬衣的穿着，不论是长袖还是短袖，硬领衬衣都必须扎进西裤的腰内，软领衬衫则可不扎。凡与西装上衣配穿的衬衣必须将袖口的扣子扣起，凡系领带的不论是否与西装配穿也都必须将领口和袖口的扣子扣好，不能挽起袖子。

②系好领带：领带也是西装最为重要的配件之一，在整套西装中作点睛之笔。因此，凡是在正式或比较庄严的场合，穿着西装必须系结领带。领带应系在硬领的衬衫上，其结应位于“V”形领的中间部位。各类T恤衫、圆领衫、“V”形软领衫等都不能系领带。所系领带的长度，应视裤子的立裆长度而定，如穿立裆短的裤子，领带尖一般在腰带扣的上方；如穿立裆长的裤子，领带尖可盖住腰带扣。如在衬衣与西装外套之间还穿着背心或羊毛衫等，要注意领带一定要放在这些衣服的里面，而决不能放在这些衣服的外面。系领带并非一定要用领带夹，如用领带夹，其位置应在衬衣的第四纽扣与第五纽扣之间。

③处理好西装纽扣：穿双排扣西装，在正规场合所有的纽扣都应扣好，只有在家或独自一人在办公室时才可将怀敞开。穿单排扣西装，其纽扣无须全扣，也可以不扣。2粒扣的只需扣上面1粒；3粒扣的，只需扣中间1粒。

④裤缝必须挺直：无论是穿套装还是单件西服便装，裤缝都必须挺直。

⑤注意皮鞋及袜子的配套：穿西装一定要配穿皮鞋（即硬底皮鞋），不能穿布鞋、旅游鞋或雨鞋。皮鞋的颜色应与西装的颜色相配套，一般都应深于或近于西装的颜色。穿着深色或中性色西装，宜与黑色皮鞋搭配。穿皮鞋还应配上合适的袜子。男士的袜子一般也宜颜色略深一些，使它在西装与皮鞋之间显现出一种过渡。严格一些讲，白色的运动袜、半透明的丝袜、带有花式的锦纶袜等，都与西装不般配。

【拓展阅读】

穿西装的五戒

西装在穿法上大有讲究，穿西服的人，务请不忘以下五戒。

(1) 戒袖口商标不除。名牌西装上衣的左袖上，大都有一个商标，有的还有一个纯羊毛标志。它与酒瓶瓶口的封纸一样，一旦启封便不能再复位。在穿上身之前即应拆去，不然就有卖弄自己穿的是“真家伙”的嫌疑。

(2) 戒衣袋里乱放东西。不论是上衣、背心还是裤子的口袋里，都不能乱放东西。除装饰性手帕外，钢笔、眼镜、手机等都不要放进去。

(3) 戒内穿多件羊毛衫。要将西装穿得有“形”、有“韵”，就不要内穿羊毛衫。万一非穿不可，也只能穿一件薄型“V”形领的素色羊毛衫，这样可以打领带，又不过于花哨。不要穿图案、色彩繁杂的羊毛衫。千万不要穿多件羊毛衫，一眼望去，几件羊毛衫的领子层次分明，像梯田似的。

(4) 戒不打领带时依然系着衬衫的领口。一般来说，穿西装套装就得打领带，而休闲时可穿单件西装上衣不打领带，此时内穿的衬衫领扣则应当不系。不打领带时，把衬衫领子翻到西装上衣的领子之上，也是挺时髦的。

(5) 戒衬衫之内穿着高领内衣。穿西装时，可直接将衬衫贴身而穿。若为了御寒而在衬衫里面加一件内衣，一定要选“U”形领或“V”形领的。要是内穿高领内衣，打好领带后，在衬衫领口上面依然露出一段“花絮”，那着装就不美观了。

2. 女士西装套裙礼仪

女性穿着西装套裙，不仅会使着装者显得精明、干练、洒脱和成熟，还能烘托出女性所独具的韵味，显得优雅、文静、娇柔与妩媚。

一套正规的西装套裙是由女式西装上衣与同色同料的西装裙组合而成。其形式基本上可分两种：一种是2件套，即仅由上装与一条半截裙所构成；另一种是3件套，即在2件套的基础上，

加上1件背心。一般情况下，2件套西装套裙是最为常见的形式。

(1) 西装套裙的选择。

①面料的选择：正统西装套裙所选用的面料应质地上乘，上衣与裙子应使用同一种面料。除女士呢、薄花呢、人字呢、法兰绒等纯毛料外，也可选用丝绸、亚麻、府绸、麻纱、毛涤等面料，但要注意面料的匀称、平整、滑润、光洁、丰厚、柔软、挺括，其弹性一定要好，且不起皱。

②色彩的选择：西装套裙的色彩选择应注意2个方面：一是力求色调淡雅、清晰、庄重，不宜选择过于鲜亮、刺眼的色彩；二是标准的西装套裙的色彩，应注意与穿着者所处场所的环境要协调，应能体现出穿着者的端庄与稳重。一般而言，西装套裙的色彩应以冷色、素色为主，如藏蓝、炭黑、烟灰、雪青、黄褐、茶褐、蓝灰、紫红等颜色，都是西装套裙色彩的较好选择。此外，各种带有明暗分明、或宽或窄的格子与条纹图案以及带有规则圆点图案的面料也大都适宜选用，其中，格子图案的面料效果最好。

③造型的选择：西装套裙的造型与其他一般套裙不同，主要在于它的上衣为女式西装。传统的西装套裙的造型，强调的是上衣不宜过长，裙子不宜过短，尤其对裙子的长度要求较严，通常以至膝下小腿肚最为丰满处为标准，太短了不雅，太长了没神。现代女性从穿着的视觉效果出发，对西装套裙的造型采用四种形式，即上长下长、上短下短、上长下短、上短下长；并根据身材和体形，对上衣选用紧身式或松身式，配以宽窄适度的裙子，展现着装者的风姿。体形苗条者或过瘦者，应以紧身式上衣与喇叭裙搭配，以显示其女性的线条美；肥胖者则可选择松身式上衣与筒裙搭配，以掩饰肥胖的身躯和过于凸出的臀部，使之显得优雅。其上衣的领形，除可采用常规的枪驳领、平驳领、“一”字

领、“V”形领、“U”形领外，还可根据自己的身材高矮、胖瘦、脸形和脖长等情况，选用青果领、披肩领、蟹钳领、燕翼领、圆领等。上衣的衣扣也可根据上衣的造型选择单排扣或双排扣，衣扣数量可根据领形确定，多则六粒，少则一粒。在选择与西装上衣相搭配的裙子时，也必须充分从自己的实际出发，除选用正统的西装裙外，还可选用围裹裙、一步裙、筒裙、百褶裙、人字裙、喇叭裙、旗袍裙等。但凡作西装套裙的裙子，一般不宜添加过多的花边或饰物。

（2）西装套裙穿着的基本要求。西装套裙不仅是女性喜爱的职业服装，而且是女性的礼服之一，宜于在正式场合穿着。如何使穿着者能显示出美丽动人的风采，体现出西装套裙本身的韵味与魅力，应注意的问题主要有以下几点。

①要合身得体：穿着的西装套裙不能过大或过小。其上衣最短可齐腰，裙子最长不能超出小腿中部，否则将给人以勉强和散漫的感觉。同时，也不能肥大或过于包身，以免给人不正经之嫌。穿着西装套裙决不能露臂、露肩、露背、露腰、露腹，不能“捉襟见肘”。

②衣扣要到位：穿着西装套裙必须按规矩将上衣的扣子全部扣好，尤其在正式场合更要注意，即便在再忙、再热的情况下，也不允许敞怀。不允许当着他人将上衣脱下来。

③内衣不可外现：穿着西装套裙必须内穿一件款式及领口适宜、不透明的衬衫，内衣的领口一定要内隐在衬衫的领口内，否则，内衣领外露或透过衬衫显现内衣，都会使穿着者有失身份。

④注意配穿衬裙：穿着西装套裙，特别是在穿轻薄面料或浅色面料的西装套裙时，一定要注意内穿一条衬裙，否则，将有失大雅。

⑤不可自由搭配：标准的西装套裙应是西装上衣与半截裙的搭配组合，而不能与牛仔裤、健美裤、裤裙等搭配，在上班等正

式场合，一定要按此规矩穿着，不可自由搭配。此外，在半截裙中，一般不可以将黑色皮裙与西装上衣配搭。因为，在国外黑色皮裙不属正统装，故职业女性应慎穿，以免让知情者耻笑。

⑥讲究鞋袜配套：在正式场合穿着西装套裙，宜穿黑色或白色无袢的高跟或半高跟的皮鞋，并配以肉色的丝袜。丝袜的长度必须与裙子的长度相适应。一般来讲，过膝的长裙应穿中筒袜，到膝盖的裙子宜穿长筒袜，到膝上的裙子宜穿连裤袜。在非正式场合，腿部肤色较黑的女性可穿浅色袜子；腿上有疤痕者可穿暗色或有纹理的袜子，但它不适合在正式场合穿；在任何场合都不可以穿色彩艳丽、图案繁多的低筒袜。穿着西装套裙不可穿布鞋、凉鞋、旅游鞋或拖鞋。

四、饰品佩戴礼仪

饰品有陪衬服装、衬托仪表、美化形象的妙用。饰品是无声的语言，它可以显示你的教养和品位，又有暗示作用，能展现你的身份和阅历。正确的选配、佩戴饰品，能与服装相得益彰，反之，则会弄巧成拙。选择、佩戴饰品一定要注重扬长避短，讲究高雅品位，形成独特的风格。

1. 帽子

帽子不仅具有防寒、防晒功能，而且也是服饰搭配的组成部分。帽子的选择一定要依自身条件、服装与场合而定。因此，帽子的式样、颜色的选择非常讲究，只有在其风格、色彩、造型等方面与其所搭配的其他服饰浑然一体时，才能突出服饰的整体效果。

帽子的式样较多，常见的有鸭舌帽、棒球帽、圆帽、礼帽、贝雷帽等。在其选用上应考虑自身的脸形、身材、年龄、职业与身份以及与服装的配套。圆脸形及宽脸形者宜戴棒球帽，不宜戴圆顶帽和高沿阔边的帽子；尖脸形和长脸形者宜戴圆帽，不宜戴棒球帽、小帽或高筒帽；身材高大者选用的帽形宜大不宜小，身材瘦小者选用的帽形宜小不宜大；高个子不宜戴高筒帽，矮个子不宜戴阔沿帽；穿西装礼服应戴礼帽，不能戴棒球帽，更不能戴遮阳帽；穿中山装宜戴圆顶帽；穿夹克衫等服装时可戴贝雷帽。

在正式社交场合是否戴帽子，必须依不同场合和规定来决定。参加正式宴会穿晚礼服时，绝对不能戴帽子；在正式的午餐或招待会上，有时规定必须戴帽子；出席鸡尾酒会可以随意选戴各式与服饰相配的帽子。

2. 箱包

箱包不仅可以盛放东西，而且是不可忽视的装饰物。男士外出应携带一个手提箱或公文包。男士的箱包在质量上以皮质为首选，在颜色上则以深咖啡色为最好，黑色或灰色次之，在款式上宜选择手提式。女士外出，特别是出入正式场合应随身携带一个精致、漂亮的皮包，以显示女性的魅力。但对箱包的颜色和款式选择，必须注意同衣服和其他饰物相匹配。

女性的手袋和肩包的选择比较讲究。首先，要注意其颜色应与服装的色彩相协调，最好选用中性色，如黑色、白色、棕色，以便与各种色彩衣服搭配。其次，要注意应与自己的体形相协调。体形苗条的女性宜选用小巧玲珑的；体形矮胖的女性应选用体积小、造型不能过于小巧的；体形高胖的女性，应选用体积稍大的。再次，应注意与自己的年龄相适应。年轻的宜选用色彩鲜艳、造型美观的羊皮或缎面小包；中年女性宜选用黑色天鹅绒或黑色丝绒的小提包。最后，还需考虑所处的场合。参加鸡尾酒会携带的手包可随意些，以色彩鲜艳、轻巧为佳。在社交场合，肩包可挂在桌子底下或座椅背上，手袋可放在桌子上或腿上。

3. 围巾

围巾是服装的装饰部分。其质料多样化，有羊毛、棉织、混纺等。选择时应考虑个人的爱好、肤色、年龄及服装的款式。在

其颜色选择上，重在对服装颜色的衬托，一般选用服装的对比色，即采用冷色与暖色、深色与浅色的搭配。如青年人身穿咖啡色的上衣，围一条乳白色的围巾，会显得格外英俊；身穿乳白色的外套，配上一条鲜红色的围巾，又会显得分外热情和优雅。老年人穿一件深灰色大衣，围上一条浅色围巾，定会很有风度。男性围巾的围着方式多为交叉式，而女性围巾的围着方式比较多，有古典矩形式、阔领式、肩形式和古典式等。同一套衣服，配以不同围巾装饰，可以起到不同的着装效果。因此，女性要特别注意围巾的搭配，这样可使你的衣服变得多样化起来。

4. 手套

装饰性手套，曾是西方社会的一种时髦装饰。男士的装饰性手套多为专业性服装的组成部分，其颜色多为白色，如礼宾仪仗队、乐队、饭店的迎宾员等人员服装全配以白色手套，一般在执行任务或在岗时与服装配套戴用。女士戴用的手套一般为白色或黑色，也可选用其他颜色，但应选用颜色淡雅、朴素一点的，以衬托衣服的颜色。

5. 眼镜

一副合适的眼镜，可以强调个性，是现代人修饰脸形的重要饰物。在选择眼镜时，首先应考虑镜架与脸形是否相宜：脸形窄长者宜选圆形或偏方形的宽边镜架，以缓和给人们留下的长脸印象；脸形较圆者，宜选方形的宽边镜架，增加脸形的力度感；三角形或瘦脸形者，宜选圆形或偏圆形的镜架，可使脸部轮廓显得饱满。其次要考虑眼镜的颜色和大小要与面部脸色和脸形大小相协调。在选择眼镜的外观造型、颜色、质地等方面时，也要考虑到职业和身份。年轻人不宜戴过于厚重深暗、造型古板的眼镜；有身份的年长者，不宜戴过于新奇轻巧的眼镜；知识分子应选择精致大方的眼镜；外事工作者可戴精美华贵的眼镜。

此外，应注意眼镜的佩戴场合。在正式场合，即便在室外如无特殊原因，也不应戴颜色深的太阳镜；在与地位或年龄明显高于自己的人交谈时，也不宜戴深色太阳镜；与女士做较正式接触或在与人握手谈话时，也不宜戴太阳镜。如有特殊情况或不方便将眼镜摘下时，应向对方说明。

6. 胸花

胸花是一种纯装饰性的饰品，适用于春秋季节。在对胸花进行选择时也应考虑自身的脸形、年龄、场合和服饰的整体效果。首先，要做到与脸形协调。长脸形者宜选用圆形或弧度较多的胸花，圆脸形者则不宜。其次，要与年龄相适应。青年人宜选用小型精致的胸花，老年女性则宜佩戴各种深色的、造型传统、做工精细的胸花。再次，要与所处的场合相符合。喜庆场合宜佩戴艳丽的胸花；追悼会等丧葬场合只能戴白花；出席宴会等正规社交场合，宜选配较大型的胸花。最后，要与服饰的整体色调相协调。应采用对比手段，使之“素中带艳”“艳中带素”，对服饰整体起到“画龙点睛”的效果。

7. 戒指

戒指又称指环，是手指的装饰品。国际上通行的佩戴规范是把戒指戴在左手上，拇指不戴戒指。作为特定信念的传递物，戒指的不同戴法，表示不同的约定含义：戴在食指上，表示无偶求爱；戴在中指上，表示已经恋爱；戴在无名指上，表示订婚或结婚；戴在小指上表示独身。

选择戒指时，应与手形搭配。手指尖长者，适合任何一款戒指，特别是镶贵重珠宝的戒指；手指较短者，不适合戴椭圆形戒指，可以选择带小圆底座的镶圆形宝石或绿宝石的戒指，以起到视觉上拉长手指的效果；手指比较粗糙者，可以选择浅色纯金或K金素戒，不适合戴引人注目的红绿宝石戒指。

8. 项链

项链是女性青睐的主要首饰之一，是戴于颈部的环形首饰。

男女均可使用。但男士所戴的项链一般不应外露。通常，所戴的项链不应多于一条，但可将一条长项链折成数圈佩戴。项链的粗细，应与脖子的粗细成正比。

从长度上区分，项链可分为四种。其一，是短项链，约长40厘米，适合搭配低领上装；其二，是中长项链，约长50厘米，可广泛使用；其三，是长项链，约长60厘米，适合女士使用于社交场合；其四，是特长项链，约长70厘米以上，适合女士用于隆重的社交场合佩戴。

它的种类很多，大致可分为金属项链和珠宝项链两大系列。佩戴项链应和自己的年龄及体型协调。如脖子细长的女士佩戴仿丝链，更显玲珑娇美；马鞭链粗实成熟，适合年龄较大的妇女选用。佩戴项链也应和服装相呼应。例如，身着柔软、飘逸的丝绸衣衫裙时，宜佩戴精致、细巧的项链，显得妩媚动人；穿单色或素色服装时，宜佩戴色泽鲜明的项链。这样，在首饰的点缀下，服装色彩可显得丰富、活跃。

【拓展阅读】

工作中佩戴饰品的注意事项

饰品以不阻碍工作为原则。工作时所戴的饰品应避免太漂亮或会闪光，基本上，还是以不妨碍工作为原则，所以，太长的坠子是不适合的。而且，如果项链太长也常会因随时要被桌脚钩住而影响工作效率。

对于耳环的选择也要以固定在耳上为佳；如果太长，不仅不适合工作的打扮，且看起来不够庄重，常会引起别人的注意。

另外，镶有太大颗的玉、太高档的戒指更是不宜出现在工作场所。会妨碍工作的饰品应该取下。一件简单的针织洋装，再配上漂亮的坠子这样的搭配是非常协调大方的。但如果会妨碍工作便不应佩戴。如会影响电话谈话所佩戴的耳环，在上班时就应取下。类似此种事情公司方面决不会多说什么，可是却不能不注意。

当然如果你的饰品在工作时会发出声音，为了不影响别人的工作情绪，应该立即取下。在办公室所戴的饰品必须简单而不引人注意。同一件服装也常因搭配的饰品而具有不同的效果。因而大家在选择服饰时，都应该注重饰物的搭配。不过，在办公室的饰物最好还是以简单大方，且不引人注意的较为理想。

第三节　社交礼仪

一、称呼礼仪

1. 一般性称呼

目前世界上使用的称呼方式中，频率最高的是“小姐”和“先生”。未婚女子称为“小姐”，已婚女子称为“夫人”或“太太”，如果搞不清被称呼女子的婚姻状况，以称“小姐”或“女士”为宜。

2. 行政职务称呼

以职务相称，以示身份有别、敬意有加，这是一种最常见的称呼方法。有以下 3 种情况：仅称职务，如部长、经理、书记、主任等；职务之前加上姓氏，如“吴经理”“李董事长”“韩局长”等；职务之前加上姓名，如张霖总经理，这仅适用于极其正式的场合。

3. 职业称呼

如“王老师”“刘会计”“李医生”等。

4. 亲属称呼

如“彭叔叔”“张阿姨”“刘大爷”“李奶奶”等。

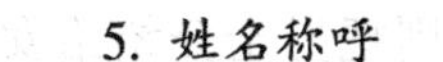

5. 姓名称呼

一般限于同事、熟人之间。有以下 3 种情况。

直呼姓名。

只呼其姓，不称其名：前面应加“老”“大”“小”。

只称其名，不呼其姓：通常限于同性之间，上司称呼下级、长辈称呼晚辈之时。在亲友、同学、邻里之间，也可使用这种称呼。

二、介绍礼仪

介绍是人际关系中与他人进行沟通、增进了解、建立联系的一种最基本的方式。包括自我介绍和介绍他人。

1. 自我介绍

自我介绍就是不通过第三者、自己把自己介绍给他人。一般指的是主动向他人介绍自己，或是因他人的请求而对自己的情况进行一定程度的介绍。自我介绍要注意下列方面。

(1) 注重时间。进行自我介绍一定要力求简洁，尽可能地节省时间，通常以半分钟左右为宜，如无特殊情况最好不要长于 1 分钟。为了提高效率，在作自我介绍时，可利用名片、介绍信等资料作为辅助。

(2) 讲究态度。态度一定要自然、友善、亲切、随和，应落落大方，彬彬有礼。既不能唯唯诺诺，也不能虚张声势，轻浮夸张。语气要自然增长，语速要正常，语音要清楚。

(3) 真实诚恳。进行自我介绍要实事求是，真实可信，切不可自吹自擂，夸大其词。

2. 介绍他人

介绍他人是指作为第三方为彼此不相识的双方引见、介绍的一种介绍方式。

(1) 介绍的顺序。把年轻者介绍给年长者；把职务低者介绍给职务高者；如果双方年龄、职务相当，则把男士介绍给女士；把家人介绍给同事、朋友；把未婚者介绍给已婚者；把后来者介绍给先到者；如果被介绍者有多位，那么应先介绍地位高的人。

一般工作中，如果有客人来，就看客人的级别，如果是一般的业务员之类的客人，那么就把我们的职员介绍给他；如果客人的级别较高（老总级），就该把总经理介绍给客人。因为同级中，客人尊于主人。

（2）他人介绍的时机。

①在办公地点，接待彼此不相识的来访者。

②陪同亲友，前去拜会亲友不相识者。

③本人的接待对象遇见了其不相识的人士，而对方又跟自己打了招呼。

④陪同上司、长者、来宾时，遇见了其不相识者，而对方又跟自己打了招呼。

⑤打算推介某人加入某一交际圈。

⑥受到为他人做介绍的邀请。

（3）为他人介绍时的注意事项。在介绍他人时，介绍者与被介绍者都要注意以下细节。

①介绍者要注意自己的姿态，作为介绍者，无论介绍哪一方，都应手势动作文雅，手心向上，四指并拢，拇指微张，胳膊略向外伸，指向被介绍的一方，并向另一方点头微笑，上体略前倾，手臂与身体呈50°~60°。在介绍一方时，应微笑着用自己的视线把另一方的注意力引导过来，态度热情友好，语言清晰明快。

②介绍应语言简洁，脉络清楚。介绍他人时最好加上尊称或者职务，如先生、夫人、博士、经理、律师等。

③介绍者为被介绍者作介绍之前，要先征求双方被介绍者的

意见。被介绍者在介绍者询问自己是否有意认识某人时，一般应欣然表示接受。如果实在不愿意，应向介绍者说明缘由，取得谅解。

④当介绍者走上前来为被介绍者进行介绍时，被介绍者双方均应起身站立，面带微笑，大方地目视介绍者或者对方。女士、长者有时可不用站起。宴会、谈判会，略略欠身致意即可。

⑤介绍者介绍完毕，被介绍者双方应依照礼仪顺序进行握手，并且彼此使用“您好”“很高兴认识您”“久仰大名”“幸会”等语句问候对方。不要心不在焉，要用心记住对方名字，以免造成尴尬。

⑥如果其中有媒体人士，要清楚地告知对方。这一点在比较敏感的人群中要格外注意。

⑦介绍过程中如果有个别的失误，不要回避，自然、幽默地及时更正是明智、从容的表现。介绍他人认识，是人际沟通的重要组成部分。良好的合作，可能就是从这一刻开始。

三、握手礼仪

1. 握手顺序

体现“尊者为本”。主人与客人之间，客人抵达时主人应先伸手，客人告辞时由客人先伸手；年长者与年轻者之间，年长者应先伸手；身份、地位不同者之间，应由身份和地位高者先伸手；女士和男士之间，应由女士先伸手；先到者先伸手；多人同时握手时应按顺序进行，切忌交叉握手。

2. 握手时间

握手的时间最好是 3 秒钟。握手时，对方伸出手后，我们应该迅速地迎上去，热情地握住。

3. 握手力度

在对方伸手后，己方应迅速迎上去，但避免很多人互相交叉握手，力度不宜过大，但也不宜毫无力度。握手时，应目视对方并面带微笑，切不可戴着手套与人握手，避免上下过分地摇动。

4. 握手的禁忌

忌用左手握手，忌坐着握手，忌戴手套，忌手脏，忌交叉握手，忌与异性握手用双手，忌三心二意。不要跨着门槛握手。握手时须脱帽、起立，不能把另一只手放在口袋中。

四、名片礼仪

1. 递送名片

(1) 向对方递送名片时，应面带微笑，稍欠身，注视对方，将名片正对着对方，用双手的拇指和食指分别持握名片上端的两角送给对方，如果是坐着的，应当起立或欠身递送，递送时可以说一些："我是××，这是我的名片，请笑纳。""我的名片，请你收下。""这是我的名片，请多关照。"之类的客气话。出示名片还应把握好时机。在递名片时，切忌目光游移或漫不经心。

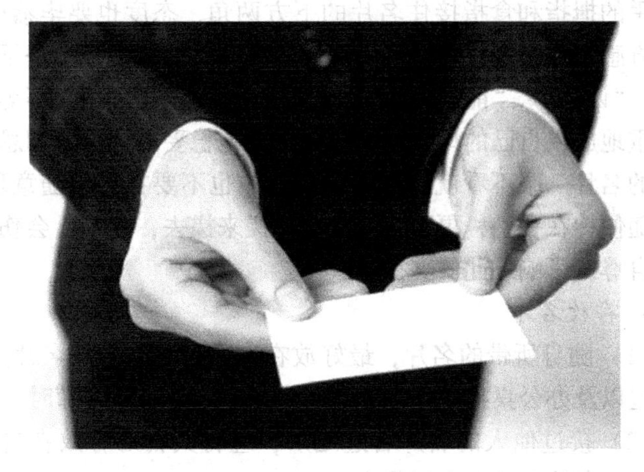

当初次相识，自我介绍或别人为你介绍时可出示名片；当双方谈得较融洽，表示愿意建立联系时就应出示名片；当双方告辞时，可顺手取出自己的名片递给对方，以示愿结识对方并希望能再次相见，这样可加深对方对你的印象。

（2）若对方是外宾，最好将名片印有英文的一面朝向对方。

（3）将名片递给他人时，应说“多多关照”“常联系”等语话，或是先作一下自我介绍。

（4）与多人交换名片时，应讲究先后次序。或由近而远，或由尊而卑进行。位卑者应当首先把名片递给位尊者。

（5）出示名片的顺序。名片的递送先后虽说没有太严格的礼仪讲究，但是，也是有一定的顺序的。一般是地位低的人先向地位高的人递名片，男性先向女性递名片。当对方不止一人时，应先将名片递给职务较高或年龄较大者；或者由近至远处递，依次进行，切勿跳跃式地进行，以免对方误认为有厚此薄彼之感。

2. 接受名片的方法

接受他人递过来的名片时，应尽快起身或欠身，面带微笑，用双手的拇指和食指接住名片的下方两角，态度也要毕恭毕敬，使对方感到你对名片很感兴趣，接到名片时要认真地看一下，可以说："谢谢!""能得到您的名片，真是十分荣幸"，等等。然后郑重地放入自己的口袋、名片夹或其他稳妥的地方。切忌接过对方的名片一眼不看就随手放在一边，也不要在手中随意玩弄，不要随便拎在手上，更不要拿在手中搓来搓去，否则，会伤害对方的自尊，影响彼此的交往。

3. 存放名片

（1）随身所带的名片，最好放在专用的名片包、名片夹里。公文包以及办公桌抽屉里，也应经常备有名片，以便随时使用。

（2）接过他人的名片看过之后，应将其精心存放在自己的名片包、名片夹或上衣口袋内。

五、电话礼仪

在日常生活中，人们通过电话也能粗略判断对方的人品、性格。因而，掌握正确的、礼貌待人的打电话方法是非常必要的。

1. 声音清晰

通话过程中绝对不能吸烟、喝茶、吃零食，即使是懒散的姿势对方也能够"听"得出来。如果你打电话的时候，弯着腰躺在椅子上，对方听你的声音就是懒散的，无精打采的，若坐姿端正，所发出的声音也会亲切悦耳，充满活力。因此，打电话时，即使看不见对方，也要当做对方就在眼前，尽可能注意自己的姿势。

2. 语速适中

由于主叫和受话双方语言上可能存在差异，因此，要控制好自己的语速，以保证通话效果；语调应尽可能平缓，忌过于低沉或高亢。善于运用、控制语气、语调是打电话的一项基本功。要语调温和、音量适中、咬字要清楚、吐字比平时略慢一点。为让

对方容易听明白，必要时，可以把重要的话重复一遍。

3. 规范内容

由于现代社会中信息量大，人们的时间概念强，因此，商务活动中的电话内容要简洁而准确，忌海阔天空地闲聊和不着边际地交谈。

4. 心情愉悦

通话时要保持良好的心情，这样即使对方看不见你，但是从欢快的语调中也会被你感染，给对方留下极佳的印象，由于面部表情会影响声音的变化，所以，即使在电话中，也要抱着“对方能看到”的心态去应对。

5. 使用礼貌用语

对话双方都应该使用常规礼貌用语，忌出言粗鲁或通话过程中夹带不文明的口头禅。要结束电话交谈时，一般应当由打电话的一方提出，然后彼此客气地道别，说一声“再见”，再挂电话，不可只管自己讲完就挂断电话。

六、接待礼仪

接待礼仪是人们在日常工作中需要时时提醒自己的一种职业修养的体现。作为主人，要热情礼貌地接待来客，让客人有宾至如归的感觉。良好的待客礼仪，体现出主人礼貌，友情，也会让客人感到亲切、自然、有面子。

1. 精心准备

与来访者进行约定之后。为了让客人有一个良好的第一印象，主人着手必要的准备工作。客人来到之前，需要洒扫门庭，以迎嘉宾。专门做清洁整理工作，以创造良好的待客环境。体现出对来客的重视，同时，也能完善个人或单位的整体形象。如果客人未打招呼突然来到，而室内比较零乱时，应向客人致歉，并稍加整理，但不易立即打扫，因为打扫有逐客之意。

待客时，通常需要准备好相应的用品，如茶水、饮料、糖果、报纸等。如果是公务拜访，还应准备一些文具用品和可能用上的相关资料，以备不时之需，倘若有小客人同来，还要预备一些玩具和书籍。

假如客人是远道而来的朋友，预先要准备好膳食与住宿，家中或单位不具备留宿条件的，应事先向对方说明，并安排其到干净、安全的酒店入住。

2. 热情迎客

迎客，不仅可显示出主人的热情，更能给来客以春风般的愉悦感受。出迎三步，身送七步，这是我们迎送客人的传统礼仪。客人在约定的时间内到达，主人应提前去迎接。对于远道而来的客人，可恭候在其抵达本地的机场、车站迎接。当客人来访，听到敲门声或电铃声，应立即起身，开门迎接。客人进门后，主人应接过客人的鞋帽、雨具，或是一起放置地点，但不要去接客人的手提包。

对于重要的客人和初次来访的客人，要亲自或者派人前去迎接；迎候本地的客人，应到楼下，门外。见到客人，主人应面含微笑，热情地打招呼，主动伸手相握，以示欢迎，并亲切问候，“您好”“欢迎光临”“您一路辛苦了”之类的寒暄语。如果有其他成员在场，要一一向客人介绍。如果客人手提重物，应主动相帮，对于长者或体弱者可上前搀扶。

3. 正确让座

我国古代让座的传统是“坐，请坐，请上坐”，由此可见让座的重要性。客人进门寒暄问候之后，应尽快安排其入座。若是把客人拦在门口谈个没完，这等于是在向客人暗示其是不受欢迎的。

主人应把上座让给客人，所谓上座，是指距离房门较远的位置，宾主并排就座时的右座；宾主对面就座时面对正门的位置；

较高的座位；于较为舒适的座位。在就座之时，为了表示对客人的敬意，主人应请客人先行入座，不可先于客人坐下，更不允许不让座或让错座，如果你在听音乐、看电视或手机，应立即把它们关掉，不要一边接待客人，一边听看电视，那样极不礼貌。

4. 敬茶

客人落座后，应尽快送上之前准备好的茶水、点心。应尽量在客人视线之内，把茶杯清洗干净，即使是平时备用的洁净茶杯，也要用开水烫洗，避免出现因茶杯不洁，而置客人不愿应用的尴尬局面。

倒茶时，茶水的高度以2/3为宜。敬茶时，用双手奉上，对有杯耳，通常是用一只手抓住杯耳，另一只手托住杯底，把茶水递给客人。随之说声“请您用茶”。斟茶应适时，客人谈性正浓时，莫频频斟茶，若交谈时间较长，要注意及时为客人续茶，如果客人不止一位，第一杯应敬给长者，或职位高者女士。

5. 随客交谈

谈话是待客过程中的一项重要内容。敬茶后，主人要陪同客人交谈。第一，谈话要紧扣主题；第二，要认真倾听，不要东张西望地表现出不耐烦的表情，应适时地以点头或微笑做出反应；第三，不随便插话，要等别人谈完后再谈自己的看法和观点；第四，不频繁地看表、打哈欠，以免对方误解。

交谈的过程中，要不时为客人续茶添水，劝其多吃水果点心。客人杯中无水，不及时添加，瓜果放着不劝吃，很可能会让客人觉得有怠慢之感。

6. 送客有道

送客是最后的一个环节，如果处理不好，将会影响到前面招待的效果，精彩的告别就如同一杯芬芳的美酒令人回味。当客人准备告辞时，一般应婉言相留，这是情意流连的自然显示，并非多余的客套之辞。如果客人执意要走，也要等客人起身时，自己再起身相送，切不可在送客时，先“起身”或“先伸手”。

对于常来常往的客人，因送到门口，带客人走远后，再回身轻轻关上房门；对于重要的客人或长者，应送至楼下或其轿车、出租车旁边；对于远道的客人可送至机场、车站。当客人离去时，应向其挥手致意，当客人的身影完全消失或客人的交通工具启动后，主人方可离去，否则，当客人走完一段路再向主人致意发现其已经不在时，心里会很不是滋味。

客人来访带有礼品，主人应在送别时再次表示感谢，说声“让您费心，真不好意思”等，绝不可若无其事，或显示出受之无愧或理所当然的样子。在必要的时候，要回赠礼品。

七、拜访礼仪

中国人素来重人情。走亲访友是人们维系感情的必不可少的方式，要想做一个受欢迎的客人，应注意以下几点。

1. 拜访准备

(1) 事先约定，守时守约。拜访最好，选对象需要之时，尤其是有情感需求时。如红白喜事、特殊纪念日、生病之时。

拜访要做到有约在先。不约而止，是对主人的不尊重，常常会令人难堪，使人不快。预约的方式很多，电话是最常用、最方便的预约方式，也可发信息。若是初次公务拜访，最好带上介绍信。约定拜访时间和地点，应客随主便。若是家中拜访，不要约在吃饭和休息的时间，最好安排在节假日下午和晚上；若是办公场所拜访，一般不要约在上班后半小时和下班前半小时内，若去异性朋友处做客，尤其要注意时间安排，以对方方便的时间为宜。

约好时间地点后，就不轻易变动，因特殊原因不能如期赴约，务必尽快打电话通知对方，说明情况并诚恳致歉，待见面时，应再次致歉。拜访时应准时到达，提前和推迟都不易。考虑

到交通拥挤或其他因素影响。可约定一个较为灵活的拜访时间，如“我在9:30—10:00到达”，以免自己给人留下不守时、不守信的印象。

（2）悉心准备，以示尊重。为了以示对主人的尊重，在拜访之前应做好相应的准备和安排。尤其是一些重要的拜访，事先应考虑需要商量哪些事宜，如何与对方交谈，是否与他人一块前往，是否需要准备资料和名片等。

出发前要修饰好自己的仪表，服饰要整洁、得体、大方，还要检查一下你该带的资料、礼物之类的东西。准备充分了，就会有好的拜访效果。

2. 上门做客，礼不可疏

（1）进门有礼，不可冒失。无论到他人家中或办公室场所拜访，都不可破门而入。有门铃的首先按门铃，时间2秒左右即可，若间隔十几秒未见反应，可按第二次或第三次，切忌长时间连续不断按铃，吵到主人休息；没有门铃的，先敲门。敲门时用中指与食指的指关节有节奏的轻叩房门2~3下。不可以用整个手掌，更不能用拳头擂或用脚踢。在炎热的夏季，有的人习惯敞开着门，若在这时候拜访，也应敲门或告知主人，征得主人允许后方可进门。

进门后，随手将门关带上，如果带着雨具应放在门口或主人指定的地方，应避免把水滴在房间。在寒冷的冬天，进入主人家后，应在主人示意下脱下外套，摘下帽子、手套等随身带的物品，一起放在主人指定的地方。如果主人没有示意，则表示无意让你进屋，这时不可急匆匆地脱下衣帽。需要脱鞋时，应将鞋脱在门外，穿拖鞋后进屋，若无须脱鞋，则应先将鞋在门外的擦鞋垫上插进泥土后方可进屋。

（2）言谈有度，举止得体。进屋后随主人在指定的座位，坐下。如果主人家中有长辈，应先与主人家长辈打招呼。若有其他客人也不能视而不见，应礼貌寒暄。但也不要随意攀谈和乱插话。没有得到主人示意，不能随意走动，特别是不能随意进入主人卧室，也不要乱动主人家的物品。主人端茶送水果时，应欠身致谢，并双手奉敬。上门做客时，最好不抽烟，非抽不可，也要征得主人同意。主人递烟时可接过，并主动为主人点烟。坐姿要端正，不要东倒西歪，不能把整个身体陷在沙发里。也不要双手抱膝，更不要跷二郎腿。若感觉疲劳，可变换坐姿，但不能抖动两腿。女士应注意两腿需要靠拢。

拜访交谈，要做到心中有数。适当的寒暄后，应尽快切入主题，不要东拉西扯，浪费时间，更不可过多询问主人家的生活和家庭情况。交谈时，要尊重主人，不可反客为主、口若悬河、喋喋不休。忽略交谈对象的反应，是谈话技巧之大忌，也是失礼的表现。

【经典案例】

小王拜访

业务员小王按约定，手拿企业新设计的样品，兴冲冲地跑到5楼“亨通贸易公司”，未擦一下脸上的汗，便直接走进了业务部办公室，正在处理业务的贺经理被吓了一跳。小王说：“对不起，这是我们设计的新样品，请您过目。”贺经理停下手中的工作，接过样品，并请小王坐下，倒上一杯茶递给他，然后仔细研究起设计样品。

小王如释重负，便往沙发上一靠，跷起二郎腿，一边吸烟，一边悠闲地环视着办公室。当贺经理问他样品的一些设计问题时，小王习惯性地用手去搔头皮，虽然他做了较详尽的解释，但谈到价格时，又不由自主地拉松领带，眼睛盯着贺经理：“我们经理说了，这是最低价格，一分也不能再降了。”贺经理皱皱眉，托词离开了办公室。小王一个人在办公室等了一会儿，觉得无聊，便抄起办公桌上的电话，同一

个朋友闲谈起来。这时，门开，进来的不是贺经理，而是办公室秘书来送客。

业务员小王拜访对方的公司，不注意自己的语言和行为举止礼仪，缺乏起码的修养，引起贺经理的反感；导致此行推销样品失败。

（3）善解人意，适时告辞。拜访、交谈时间时要注意掌握时间，要知道客走主人安的道理。一般拜访不要超过1个小时，初次拜访不要超过30分钟。如果主人心安不定，不停地看钟、看表或接听电话，面露难色，欲言又止，说明主人已无心留客，这时就应主动提出告辞。即便主人有意挽留，也不要犹豫不决。告辞前要向主人道别，如果带有礼物可以在进门时交给主人，也可在告辞时请主人收下。出门时应与主人握手告辞，并说“请留步”，出门后还应转身行礼，再次道别。

参考文献

白旭琴，宋绵翠，2019. 职业素养 [M]. 北京：科学出版社.
陈世霖，2019. 沟通的艺术 [M]. 北京：中国商业出版社.
丁兴良，2010. 职业形象 . 北京：机械工业出版社.
付善华，赵蓉，2017. 工匠精神教育读本 [M]. 上海：同济大学出版社.
付守永，2013. 工匠精神：向价值型员工进化 [M]. 北京：中华工商联合出版社.
胡秀霞，2013. 团队合作能力训练 [M]. 北京：北京师范大学出版社.
刘承元，2017. 设立工匠节，助推工匠精神培养 [J]. 企业管理（07）.
马克态，2019. 用工匠精神打造卓越品牌 [J]. 北京：中华商标（02）.
明照凤，2015. 职业规划与创新创业 [M]. 济南：山东人民出版社.
唐妍霞，李艳，吕全影，2019. 工匠精神与职业素养读本 [M]. 北京：中国农业出版社.
王振如，郝婧，2010. 职业道德 [M]. 北京：中国人口出版社.
徐耀强，2017. 论“工匠精神” [J]. 红旗文稿（10）.
姚旭，2007. 交际礼仪 . 北京：中国劳动社会保障出版社.

应菊英，2009. 职业素质拓展训练［M］. 北京：高等教育出版社.

尤君，2010. 职业素质基础教程［M］. 北京：化学工业出版社.

张保文，2018. 工匠精神：做时代工匠 创出彩人生［M］. 北京：石油工业出版社.